人为什么会抑郁

低落、抑郁、自我攻击的心理原因

[新西兰]格温多琳·史密斯 (Gwendoline Smith) 著

吕红丽 译

ZHEJIANG UNIVERSITY PRESS
浙江大学出版社

·杭州·

图书在版编目（CIP）数据

　　人为什么会抑郁 ： 低落、抑郁、自我攻击的心理原因 ／（新西兰）格温
多琳·史密斯著 ； 吕红丽译. -- 杭州 ： 浙江大学出版社, 2024.3
　　书名原文： The Book of Feeling Blue: Understand & Manage
Depression
　　ISBN 978-7-308-24543-2

　　Ⅰ．①人… Ⅱ．①格… ②吕… Ⅲ．①抑郁－心理调节－通俗读物 Ⅳ.
①B842.6-49

中国国家版本馆CIP数据核字 (2023) 第236896号

浙江省版权局著作权合同登记图字：11-2023-406

THE BOOK OF FEELING BLUE by Gwendoline Smith
Text © Gwendoline Smith, 2023
Illustrations © Georgia Arnold and Gabrielle Maffey
First published in 2023 by Allen & Unwin Pty Ltd, Sydney, Australia
Published by arrangement with Allen & Unwin Pty Ltd, Sydney, Australia
through Bardon-Chinese Media Agency
Simplified Chinese translation copyright © 2023
by Hangzhou Blue Lion Cultural & Creative Co., Ltd.
ALL RIGHTS RESERVED

人为什么会抑郁：低落、抑郁、自我攻击的心理原因
REN WEISHENME HUI YIYU: DILUO、YIYU、ZIWO GONGJI DE XINLI YUANYIN

[新西兰] 格温多琳·史密斯　著　　吕红丽　译

策　　划	杭州蓝狮子文化创意股份有限公司	
责任编辑	黄兆宁	
责任校对	朱卓娜	
封面设计	王梦珂	
出版发行	浙江大学出版社	
	（杭州市天目山路148号　　邮政编码　310007）	
	（网址：http://www.zjupress.com）	
排　　版	杭州林智广告有限公司	
印　　刷	杭州钱江彩色印务有限公司	
开　　本	880mm×1230mm　1/32	
印　　张	8.5	
字　　数	183千	
版 印 次	2024年3月第1版　2024年3月第1次印刷	
书　　号	ISBN 978-7-308-24543-2	
定　　价	59.00元	

大多数人都以为我生活得痛苦，因为我疯过。

事实并非如此。

正因为我曾经"疯"过，所以我才倍加珍惜现在的理智。

——格温多琳·史密斯（Gwendoline Smith）

THE BOOK OF FEELING BLUE:
UNDERSTAND & MANAGE DEPRESSION

前　言

　　本书第一部分旨在帮助你检测自己是否存在一定程度的"忧郁"或"抑郁"情况，以及可获得的相应帮助。本部分还将为你分析各种相关治疗方法的优缺点。第二部分探讨了抑郁症对社会不同群体的影响，以及应对抑郁症的各种方法。

　　作为一名心理健康临床医生，我相信我能够尽我所能为人们提供心理教育方面的相关知识。我相信我们都能从"心理教育学"中受益匪浅：心理教育学不仅介绍了各种形式的精神疾病（包括抑郁症），同时对各种形式的精神疾病去神秘化和去污名化。

去神秘化打破了人们对精神疾病的迷信观念，瓦解了人们对精神疾病治疗的"黑魔法"理论，去除了对心理治疗或医学治疗方法的怀疑。

对精神疾病的去污名化是科学知识发展过程中的意外收获，人们因此在诊断精神疾病和寻求帮助的过程中将不再有羞耻感。同时，对精神疾病去污名化后，如果家庭中有患有精神疾病或情绪障碍的人，他们可以更便捷地寻求大家庭和社区的支持。

目 录

PART ONE

第一部分

第一章

感到忧郁

自 13 世纪末开始，"心情如蓝色[1]"这种表达就有悲伤之意。除此之外，"蓝色"还有许多其他文化内涵。在西方国家，蓝色代表安全、信任或权威，例如警察穿的是蓝色制服。另外，蓝色还与男子气概密切相连——蓝色代表男孩，粉色代表女孩。此外，蓝色还可以用来表示平静。

- 在印度文化中，奎师那神[2]通身蓝色，象征着勇气和力量。
- 在拉美文化中，蓝色代表希望，但也表示哀悼。
- 在中国文化中，蓝色象征着永恒和进步，他象征着春天[3]——万物生长、积极乐观。
- 在毛利人[4]文化中，蓝色会让人联想到"天父"朗基努伊。

普遍情况下，蓝色代表的都是积极含义。但是，在西方当代文化中，

1　原文为 feeling blue，引申意为"感到忧郁，心情低落"。——译者注

2　奎师那是印度教传统神祇，也译作"克里希那"，皮肤通常被描绘成蓝色，是印度教诸神之首。——译者注

3　原文用蓝色代表春天，而日常生活中，我们更多地用绿色代表春天。——译者注

4　新西兰土著。——译者注

蓝色与忧郁紧密相连。

在非洲，蓝色是和谐与爱的代表颜色，象征着和平与团结。然而，对于那些被掳掠到新世界做奴隶的非洲人来说，他们所演唱的"蓝调"音乐又另当别论了。奴隶们通过"蓝调"唱出了他们的绝望和痛苦，歌唱也只是为了能让痛苦的时间过得快一些。历史学家认为蓝调音乐抒发了奴隶生存之不易，渴望自由的情感。也许我们"感到忧郁（feeling blue）"的集体意识，有一部分就源于我们对音乐这一通用语言（如蓝调）所产生的共鸣。

悲伤

悲伤是一种人人都会有的体验。你可能会因为有人逝去而感到悲伤，可能会因为一段关系的结束而感到悲伤，可能会因为失去一个朋友、一份工作或一次机会等等而感到悲伤。

悲伤或忧郁是我们情绪的重要组成部分。有时你会感到开心，有时会失望，有时会愤怒，有时会激动，有时会沮丧，而有时你会感到忧郁。

有些情绪是与生俱来的。情绪是生物面对某些挑战和机遇产生的反应。人类为了生存，其情绪在进化过程中会不断调整，这也是"战斗—逃跑—僵住不动"本能反应的一部分。

但是，有些情绪，如羞愧和内疚，则属于**后天习得**的情绪，是我们在成长的文化和环境中塑造而成的。

（爆胎了？）

（我要崩溃了！）

通过临床观察，特别是近二十年的临床观察，我发现如果我们不喜欢某种情绪的体验，就不希望周围存在这种情绪。假如你因为感情破裂而感到悲伤，你会发现周围的人都在劝你"没事的，振作起来，想开点"。

虽然你的朋友和亲人都是出于帮助的初衷而劝解你，但这种不让你悲伤或忧郁的劝解反而让你压力倍增，并没有起到作用。这些劝解实际上在鼓励人们压制人类本应有的情绪。

英国诗人约翰·济慈（John Keats）于1819年创作的诗歌《忧郁颂》（*Ode on Melancholy*）中，将痛苦和快乐比作一枚硬币的两面，都是完整生活不可或缺的部分。

快乐亦有压力

　　你所生活的这个世界，总是在无休止地向你发送这样的信息：你应该快乐，而且你值得快乐。眼到之处总能看到人们精心整理的社交媒体档案，展示着最快乐的自己。

　　人们不惜花费数十亿美元向你展示购买什么产品才能让你真正感到快乐——食物、时装、整容、汽车、假日……好像只有满足永无止境的物质需求，才能确保你不会感到忧郁似的。不过确实有一种推论认为，如果你真的感到了忧郁和不满，那么你一定是一个失败者，因为你没有能力成为一个永远幸福的赢家，你没有能力拥有幸福、完美生活所需要的一切。

　　然而事实是……

现实是随机且难以捉摸的

（unjust：不公　just：公正　fair：公平　good：好　bad：坏）

此外，如我在上一本书《知道之书：了解你的想法，改变你的感受》（ *The Book of Knowing: Know How You Think, Change How You Feel* ）中所写：

> 如果你拒绝接受现实，那你就完蛋了。因为这个世界根本不在乎你接受不接受现实，这个世界也根本没有什么公平与不公平。否则，坏事永远不会发生在好人身上。

（《知道之书》）

同样，我也不相信这个世界上有什么是"应该的"或什么是"不应该的"。失去亲人或遭受创伤后，你不应该悲伤，可你偏偏就会悲伤。悲伤不是一种惩罚。

有时你可能就是会因为身边发生的事情而感到悲伤或忧郁，这是人之常情。重要的是你如何走出悲伤，不再忧郁。

"逼迫"谎言

我们还需要明确的一个重要事实是：没有人逼迫你感到悲伤或忧郁。他人可能会影响到你的情绪状态，但最终你会产生什么样的情绪完全由你自己负责（当然，由诸如流感、胃病、骨折、抑郁症等生理因素引起的悲伤或忧郁除外）。

在《焦虑之书：理解并管理焦虑情绪》（*The Book of Angst: Understand and Manage Anxiety*）中，我提到了这种现象：

"是他逼我悲伤／难过的。"

"是她逼我生气的。"

"是他们逼我感觉自己一无是处的。"

这些表达都是不正确的！

事实上，你会产生怎样的感受，是由你对自己和这个世界的认知决定的。当然，你可能会受到周围环境因素的影响，但最终产生怎样的情绪是由你个人决定的。［也就是说，除非忧郁演变成了抑郁，并且你的生理机能开始发生变化（通常后者情况居多），否则你的情绪都是由你自己决定的。］

你可能感觉自己正在经历的情绪不是自己造成的，而是这个世界强加于你的，然而事实并非如此。思考下面这段话（摘自《焦虑之书》）：

> 我无法逼你爱我，也不能逼你笑或逼你哭——只有你自己可以让
> 自己这样做。如果你爱的人不爱你，你可能会感到悲伤难过，但你无
> 法改变这一事实。同样，如果你不想与他人建立亲密关系，也没人能
> 够逼迫你。

控制点

这个术语对你而言可能比较陌生。控制点是指你认为自己能够控制生活中各种事件和影响的程度，从而采取相应的管理方式。如果你经常通过外在事物，如消费品、他人、宗教或金钱等方式寻求快乐和成就，那么你永远也无法学会如何相信自己的能力，如何培养自己的韧性。

事实上，我们对生活的控制都是根据心理学家所称的控制点进行的。控制点反映了个体对其生活中各事件发生的根本原因的认知。换句话说，就是你认为你的命运是由你自己控制的（内部控制点），还是由命运、上帝或他人等外部力量控制的（外部控制点）。

我个人提倡内部控制点。这说明凡事你是可以选择的。如果你通过外部控制点追求幸福，会将自己置于受害者的位置，就像我常用的

一个比喻："你就像风中的一片树叶。"哪怕是一阵微风都会将你吹得四处飘摇，你永远无法应对猛烈的暴风雨，暴风雨来临之时，便是你生命终结之日。

有趣的是，研究人员表明，允许自己体验"不那么快乐"的感觉反而有助于增强韧性，促进心理健康。一个研究小组发现，对于那些认为消极情绪有用的人而言，消极心理状态、不良情绪和身体健康之间的联系相对较弱。事实上，只有对那些认为负面情绪根本无益或厌恶负面情绪的人而言，负面情绪才与生活满意度低相关。

其他跨文化研究也表明，生活在西方化国家的人与生活在将积极和消极情绪都视为生活重要组成部分的文化中的人相比，其陷入抑郁和焦虑的可能性要高出四到十倍。在同样重视积极和消极情绪的文化中，就不存在西方化国家人们那种为了不断获得快乐和喜悦而形成的压力。

不过值得注意的是，在日本等西方化程度很高的东方国家中，情绪障碍问题和自杀率都在持续增加。

如果你是一个以外部控制点为特征的人，那么你最终会像风中的树叶一样随风飘摇。

幸福的特权

美国婴儿潮一代（1946 年至 1964 年出生的人）从未真正经受过父母在社会层面上遭受过的苦难，如世界大战和严重的经济大萧条。

他们的孩子也没有经历过这样的苦难：

- X 世代：1965—1980 年出生的人；
- Y 世代：1981—1996 年出生的人；
- Z 世代：1997—2012 年出生的人。

对这几代人来说，幸福和快乐是"与生俱来的"，或者说就是一种"特权"。对他们而言，困难如绊脚石，都由父母为他们解决。这让他们相信了一个神话："汝等天选之子，无须受苦受难。"

婴儿潮一代看到了父母所经历的痛苦和磨难，于是发誓要改变他们孩子的生活。然而，这虽然看上去是一种无私，但实际上却存在让孩子学会享受"特权"的风险，降低了他们对苦难的承受度。

承受苦难对韧性的培养至关重要。一个能适应各种"天气"的孩子，才有能力应对生活中的挫折、失望、失去、不公和不平。享有特权的"王子"和"公主"不具备这些技能。

我非常喜欢美国科幻作家罗伯特·A.海因莱因的一句话：

不让孩子经历风雨，他们的未来必将充满坎坷。

父母，特别是那些腰缠万贯的父母，的确能够保护孩子免受某些苦难。但你永远无法保证他们不会死亡、不会被他人拒绝或不会患上疾病。生活无常，世事难料，无论财富多少，无论爱有多深，都无法保护我们永远不受苦受难。

"新冠感染忧郁症"

（"新冠感染忧郁症"）

在结束"特权"这一话题之前,我想谈论一下我观察到的一件事。

新冠疫情毫不留情地席卷了全世界。心理健康问题随之出现,全世界的人都充满了恐惧和担忧,尤其是老年人、护理人员和存在潜在健康问题的特定群体。

各个年龄段的人患上焦虑症的比重迅速飙升,形式各异:健康焦虑症、担忧(普遍焦虑症)、强迫症(obsessive-compulsive disorder,OCD)。年轻人也更加焦虑,抑郁程度更加严重。他们没有了前进的动力,对未来感到无能为力,只能悲观以待。

这些现象都会导致忧郁和抑郁。心理学教授马丁·塞利格曼(Martin Seligman)提出了"习得性无助"的理论,强调在心理方面,无力、绝望和无助对抑郁症的深刻影响。

新冠疫情让我们所有人都面临着这些经历,让许多人患上了所谓的"新冠感染忧郁症"。

➤ **应对"新冠感染忧郁症"小贴士**

如今,疫情的影响已经消退。以下是我根据世界卫生组织的建议整理的一些心理健康小贴士,当你碰到类似的情况时,希望对你有所帮助。

- 通过可靠的、**信誉良好**的渠道了解最新信息，但避免过度接触信息。

- 尽量保持常态生活，劳逸结合，多做一些令人愉快的事情。不要总是穿着睡衣——虽然我也知道在家穿睡衣（特别是冬天）既方便又省事，但是最好少穿睡衣。

- 时常与他人（特别是生活在海外或远方的家人）打电话或通过网络渠道保持联系，缓解隔离带来的不悦。

尽量保持常态生活，少穿睡衣！

- 注意不要过量饮酒，不要进行过度物质消费。

- 注意每天使用电子产品的时间，避免长时间玩视频游戏和刷朋友圈。

● 善待他人，设法帮助他人（例如，帮他人网购）。

● 如果你是一个容易焦虑的人，新冠疫情暴发后更加焦虑，那就读一读我写的关于精神内耗的书《想太多是会爆炸的》（*The Book of Over Thinking: How to Stop the Cycle of Worry*）（疫情期间正好是个好机会）。

（《想太多是会爆炸的》）

如果感到"忧郁",该怎么办

需要在此强调的是,本章我提到的策略是用于应对忧郁的方法,请勿将其与应对抑郁症的方法混为一谈。当你陷入忧郁情绪时,你可能会感到悲伤、容易流泪、沉默寡言、精力不足或缺乏动力。这样的感受造成的影响相对轻微,不会对你的日常生活造成太大干扰。这类悲伤情绪,在很大程度上本就是日常生活中的组成部分。

时不时地感到忧郁或情绪低落,其实是生活对你的一种提醒,可能是生活中某些地方需要做出一定改变。你不会无缘无故突然感到"忧郁"。忧郁的产生通常都是由特定事情引起的(例如,失望、关系破裂、失去、遇到挫折或背叛)。

如何改善忧郁的情绪

通过一些简单的干预措施,往往就可以缓解忧郁情绪。

- 与所爱之人共享时光。
- 观看最喜欢的搞笑节目。

（振作起来，继续生活。）

- 专注于消遣活动或自己的兴趣爱好。我发现拼图游戏有助于催眠，能够很好地分散我的注意力。

- 和他人谈谈你的感受——如果不想找朋友，可以考虑找心理治疗师。认知疗法就是一种良好的问题解决方法。

- 积极锻炼身体，多散步。大自然总能抚慰深陷烦恼的灵魂。如果天气不好，就看看大卫·爱登堡（David Attenborough）[1]拍摄的纪录片。

- 做一些有创意的事情，如写日记、画画、制作剪贴簿、玩涂色游戏、

1　英国杰出的自然博物学家，被誉为"世界自然纪录片之父"。——译者注

听音乐。

● 利用这一机会，做一些挑战自己舒适区的事情。

"冬季忧郁症"

在世界上冬季漫长、阳光稀少的地区，"冬季忧郁症"非常普遍，专业术语称为季节性情感障碍（seasonal affective disorder，SAD）。在这样的国家，忧郁症患者通常会采用光疗法，但我更推荐专业心理治疗法。

光疗法

第二章
走出忧郁

患上严重抑郁症和乳腺癌之后，我的抑郁症情况越来越糟糕。因为患上乳腺癌，我的身体饱受疼痛的折磨。是这种疼痛而不是精神上的抑郁之痛，让我无法享受快乐和正常生活。

——本书作者格温多琳·史密斯（乳房支持者[1]）

亲身经历

作为一名临床心理学家，我被诊断患上双相情感障碍症（这种病的患病率为百分之一）——而我更喜欢称之为躁郁症[2]。成年后多年以来，我一方面要为抑郁症患者进行临床治疗，另一方面又要控制自己躁郁症的发作。在此，我想分享一些我对抑郁症的主观体验。如果你是因为自己的需要而购买此书，希望这部分内容能够为你分担一些你正在经历的孤立感。

1　原文为breast support，但暂未查到作者是母乳喂养的支持者，因作者患有乳腺癌，推测她是乳房支持者。——译者注

2　躁郁症患者在患病时既有躁狂/轻躁狂发作周期，又有抑郁发作周期。患者很有可能上一秒还很低落，下一秒就表现得情绪高涨。——译者注

如果你是为了更好地了解所爱之人的经历，希望我的亲身体会有助于你进一步了解抑郁症的情况，学习如何帮助所爱之人。

我的故事

我自以为是一个性格外向的人，平时喜欢听诙谐有趣的辩论、对话和笑话，特别是在吃饭的时候，这能让我心情愉悦。

然而，当我情绪低落时，一切都变得苍白无力。我根本吃不下食物，更无力准备晚餐。我不想和任何人说话，哪怕是对最亲近的人，也不愿讲话。

1994年，我经历了一次狂躁症[1]发作后，第一次暴发了抑郁症[2]。在这期间，我一直妄想自己是弥赛亚[3]二世（耶稣转世为女性），这种情况持续了将近一个月。你可以想象，我有多少事情要做——拯救地球可不是什么小任务，更何况现在全球变暖问题如此严重。

但这却是一次美妙而令人振奋的经历，我体验了一次穿越时空的感觉。我亲爱的同事罗伯·基德教授曾说过："要是你能把躁狂制成一种名牌药，那你一定会发大财。"我甚至还幻想我是伊丽莎白·泰勒（Elizabeth

---

1　狂躁症以情感高涨或易激惹为主要临床特征，伴随精力旺盛、言语增多、活动增多，严重时伴有幻觉、妄想、紧张症状等精神病性症状。——译者注

2　抑郁症以连续且长期的心情低落为主要的临床特征。患者可能从一开始的闷闷不乐发展到悲痛欲绝、悲观、厌世，最后甚至有自杀倾向和行为。患者也可能有躯体化症状，比如胸闷、气短。——译者注

3　耶稣基督的另一称谓。——译者注

Taylor）[1]的第一个女儿，是她与华特·迪士尼（Walt Disney）[2]爱情的结晶。同时，我还认为理查德·伯顿（Richard Burton）[3]是我的父亲，但我又怀疑他们都不是我的父亲，因为我已经出生了。

真正与事实有一点相关的问题其实是："她什么时候才会服药？"

我的回答是："没听说耶稣要服用锂电池啊。"

我想你能想象当时的情景吧。没错，我疯了。

唯一的问题是，如果你长时间处于兴奋状态，最终体内的生物化学物质会随之发生变化，这时也是回到现实的时候了。在抗精神病药物的作用下，我确实回到了现实，幻觉消失，我又做回了凡人。

狂躁症得到成功治疗后，我又出现了另一种小症状，业内人称之为"精神病后抑郁症"。因为这种疾病，我又耽误了六个月的工作。

这也是我第一次经历抑郁症，感觉就像被一台压路机压过一样，我的身心都被压扁了。我的自信全部被碾碎。虽然过去那个"我"的躯壳还在，但现在的我既不想工作，也不愿意笑，更不愿意与人交流。

作为一名临床医生，我经常看到抑郁症患者脸上流露出的痛苦，但从未如此近距离地感受过内心的虚弱和绝望。

1　美国女演员。——译者注

2　美国著名动画大师、导演，举世闻名的华特迪士尼公司创始人。——译者注

3　英国戏剧和电影演员，好莱坞20世纪60年代最著名、身价最高的明星。——译者注

我是一个性格外向的人，喜欢参加聚会和社交活动。

但当我情绪低落时，这些能给我带来快乐的事情，都让我感到索然无味。

注： 对于抗精神病药物，我知道很多人都持抗拒态度，

甚至一提要服用这些药物就会感到紧张。

在我看来，有这种思想的人，

是把"精神病"和"精神病患者"混为一谈，

认为一旦到了服用抗精神病药物阶段，

那就是最糟糕的情况，也是最严重的情况；

认为只要服用抗精神病药物的人就是精神病患者，

无可救药；

认为只要服用抗精神病药物就会被关起来，

永无天日。

多年来，我一直在服用抗精神病药物，

它是我的思想管理者，

把我从不切实际的幻想中带回理性的现实 —— 这也是理想

的结果。

抗精神病药物对狂躁性精神病、精神分裂症

和药物性精神病都卓有成效；

小剂量服用，有助于抑制天马行空般的侵入性思想。

只要是对症下药的处方，就不必害怕。

　　只有经历过抑郁症的人才能真正理解抑郁症的情况。这些情况他人虽然看不见，但却会感到害怕。亲人们可能还会对此感到难以理解，因为抑郁症并没有真正的"疾病"症状，如皮疹、出血、发热、骨折。我希望，在我们对所有精神疾病去神秘化和去污名化的过程中，也能改变人们对抑郁症的态度。

　　说到污名化，人们通常认为是社会、社区、朋友和家人赋予的，以表达他们"自己克服吧"之类的想法。但实际上，抑郁症的污名也是个人内心赋予的。我们总是以为我们的大脑永远不会生病，永远不会感到紧张。于是当大脑真的出现问题时，我们就会感到失望、焦躁，不愿花时间等其恢复，总是会说：

- "我应该好多了。"
- "我不需要帮助，我应该可以应对，根本不需要药物治疗！！"

抑郁症需要药物治疗，但是感到忧郁不需要。*抑郁症是一种疾病，而忧郁不是疾病。*

我的抑郁症第一次发作时，我对药物和药物的作用也持怀疑态度。作为一名心理学家，如果也要"求助"药物进行康复，我感觉自己很失败。不过，幸运的是，虽然我十分不情愿，但我还是服用了抗抑郁的药物，而且反应良好。

作为一名临床医生，我能够准确地将忧郁与临床抑郁症区分开来。忧郁，可以通过认知行为干预以及改变环境的方法得以改善。例如，采取措施解决功能失调的关系或职场欺凌（仅举两个例子）。

然而，一旦压力和紧张情绪持续上涨，严重程度不断增加，忧郁就有可能发展成抑郁症……

（哎呀……）

忧郁型抑郁症

即使在 21 世纪的今天，一提到抑郁症，也有许多人仍然保留着典型印象。我指的是把忧郁症理解为抑郁症。

患有忧郁型抑郁症的人，通常不爱动，如植物人一般，不喜欢与世界接触，不愿意与人交流，就像文森特·凡·高的画作《悲伤的老人（在永恒之门）》中描绘的景象。

凡·高一生饱受精神疾病的折磨，最终于 1890 年自杀。有证据表明，凡·高患有躁郁症，这是一种慢性精神疾病。许多有创造力的人都患有这种病症，包括我自己。

许多艺术家都存在情绪障碍问题。毕加索就曾忧郁过；贝多芬、柴可夫斯基、莱昂纳德·科恩和 Lady Gaga[1] 是音乐界一部分患过抑郁症的人。

1　美国女歌手，原名史蒂芬妮·乔安妮·安吉丽娜·杰尔马诺塔。——译者注

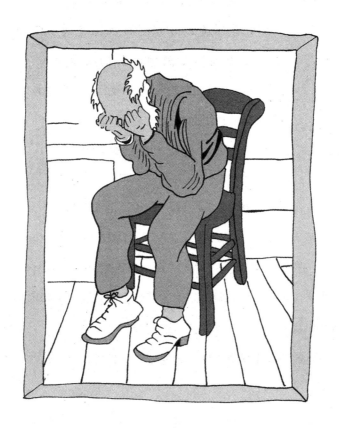

致敬凡·高的《悲伤的老人》

注：并非所有有创造力的人都会患上精神疾病。

只是一百个有创造力的人比随机抽选的一百个人，

患上某种形式的精神障碍的概率更高。

虽然这方面证据充足，也受到广泛讨论，

但为什么会是这种情况，

没有人能给出确切的答案。

已知首次使用"忧郁症"一词是在大约公元前400年，希腊人用以描述情绪障碍。准确地说，是希腊哲学家希波克拉底（Hippocrates）提出的学说，即人体由四大液体组成——血液、黑胆汁、黄胆汁和黏液——如果这些液体失衡，就有可能引发忧郁症。虽然我不太相信黏液和胆汁会对精神疾病有影响，但希波克拉底被誉为"医学之父"，也并非徒有虚名。公元前400年他所著的《希波克拉底誓言》对当代西方医学仍具有启发作用。

《希波克拉底誓言》的插图中常出现墨丘利节杖的图案，
这个图案在西方是健康和治愈的象征。

希波克拉底及其他医生提出假设，所有的疾病都是自然产生的，而非"超自然"原因。与之相对，牧师们则认为癫痫等疾病是神的意旨。

但是人们更容易把精神病与迷信和黑魔法联系起来。如果从宗教或超自然的角度解释，一个患有精神分裂症等疾病的人，就会被理解为被魔鬼或恶灵附身。

我更喜欢《韦氏大词典》中的这个定义：

人们首次使用"疾病"一词时，字面意思是"不轻松或不舒服"，并非现在所指的身体功能方面的疾病或问题。今天，"疾病（disease）"

仍然可以表示"不（dis）——舒服（cease）"。

这听起来就像是对"舒服的否定"。生活节奏过快，让我们备感压力。一段感情破裂，亲人生病或死亡，这些都会扰乱我们生活中的舒适感。现在我们把经历的这些困难时期和事件称为压力——无疑，当代医学认为，压力会导致疾病。

所以，如果我们放下黏液和各种颜色的胆汁不谈，希腊人的研究真不简单！

抑郁症改头换面：激越性抑郁症

我常把激越性抑郁症称为 21 世纪的抑郁症。激越性抑郁症是一种相对严重的临床抑郁症，有以下典型特点：

- 持续的悲伤／绝望感；

- 悲观／缺乏乐趣；

- 精力不足；

- 无法集中注意力；

- 持续产生死亡或自杀念头。

有些症状会与激越症状同时产生，如：

- 易怒；

- 焦虑；

- 烦躁不安；

- 过度交谈；

- 坐立不安和 / 或爆发愤怒。

当一种疾病与另一种或多种疾病同时存在时，这一现象称为*共病*，是一个令人非常不愉快的词。现在，在临床医生的眼里，激越性抑郁症的症状就是抑郁症症状和激越症状的结合。

因此，与忧郁症不同，激越性抑郁症患者虽然身体功能正常，但他们会持续感受到压力，睡眠紊乱，食欲变化大，这些都与焦虑症的许多症状相似。

性别问题：男性视角

在此，我想就我在临床上看到的存在情绪低落 / 抑郁的男性，发表几点评论。

首先，通常他们是经历了一段时间的痛苦（往往长达几年）之后才来就诊的。

其次，他们很少是自己主动前来就诊的，毫不夸张地说通常是被伴侣拖着来的。（因情绪障碍导致离婚 / 分居的情况除外。）

男性抑郁症的早期症状有：

● 愤怒；

● 灰心丧气；

● 咄咄逼人；

● 易怒。

你会发现，与忧郁症相比，这些症状与激越性抑郁症之间的联系更加紧密。

　　男女之间之所以存在这些差异，可能是由于社会对男性和女性表达情感的方式和期望不同。如果男性感觉自己可能会因为某些情绪受到别人的评判或批评时，一般不太愿意展现这些情绪，如悲伤。他们也可能会把基于恐惧而产生的焦虑视为软弱的表现。

（只要是用这些东西的人，都去坐冷板凳！）

焦虑和抑郁

　　既然焦虑和抑郁之间存在如此密切的关系，那么你一定想知道：究竟是哪种症状先出现呢？是一种症状引起了另一种症状吗？这个问题不用给朋友打电话求助。我来为你解答。

　　　焦虑症和抑郁症之间的关系，
　　在很大程度上相当于"鸡和蛋"的关系。

　　听我解释。广泛性焦虑症（担忧）、害怕被人议论（社交焦虑）和创伤后应激障碍（PTSD）等焦虑状况会让一个人产生巨大压力，从而导致抑郁症。同样，患有抑郁症的人可能会越来越孤僻，容易担忧，思想悲观。还是不明白？换成我是你，我也不明白！

　　总之，焦虑会导致抑郁，抑郁也会引发焦虑。那么，究竟是先有鸡，还是先有蛋呢？

（究竟是先有鸡还是先有蛋！？ 没有鸡就不可能有蛋。可是没有蛋，鸡从何来呢？）

（这究竟是什么意思？！）

答案是，通常情况下是先产生焦虑症，当精神体系开始崩溃时，就产生了抑郁症。（PTSD 例外，一个人可能会在没有预先感到焦虑或抑郁的情况下，经历创伤性事件后便直接形成 PTSD。）

事实上，焦虑和抑郁之间的联系存在于非常复杂的神经系统中。下图展示的一般适应综合征（general adaptation syndrome，GAS），是 1936 年由加拿大心理学家汉斯·薛利（Hans Selye）定义的，它阐释了压力反应的机制以及适应性（生存）反应是如何变成没有任何用处的适应不良反应的过程的。

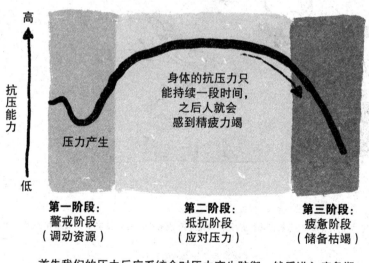

高

抗压能力

低

身体的抗压力只能持续一段时间，之后人就会感到精疲力竭

压力产生

第一阶段：
警戒阶段
（调动资源）

第二阶段：
抵抗阶段
（应对压力）

第三阶段：
疲惫阶段
（储备枯竭）

首先我们的压力反应系统会对压力产生防御，然后进入疲惫期。

此外，身体还会分泌一些激素，如肾上腺素和皮质醇，维持我们身体的正常运转。但是如果这些激素在我们的身体系统中长期保持活跃，就有可能侵蚀我们的免疫系统。

这些压力激素就像扶他林（一种常见止痛药）一样。假如我们的腿受伤了，吃点消炎药或打上石膏，挂上拐杖，继续以平时的速度行走——腿就不疼了！

（哎呦）

但是，第二天你就该还债了，腿疼得根本走不了路！

你有没有发现，当你准备去度假时，出发前一天晚上，当疯狂地完成所有工作后，会不会感到喉咙发痒？于是在去机场的路上，你会不停地吃含片、止咳药，使用鼻腔喷雾剂。

为什么？这是因为负责思考节日以及过节需要多少精力的神经递质开始向身体各神经部队发出信息了。*嘿，各位，她要去度假了。不需要继续生产压力荷尔蒙了。就让她休息几周吧！*

是的，就这么简单：系统变化通过像流感一样的症状表现出来。

你的压力荷尔蒙也终于可以休息了……

悲伤是怎么产生的？

好问题！

在遭受重大损失后，人类和许多动物（物种）一样都会感到悲伤。比如我们耳熟能详的故事：主人去世后，狗会一直守在主人的墓地旁或回到主人死亡的地方。我虽然也喜欢这样的故事，但故事情节太悲伤了。作为人类，我们总是认为有必要解释所发生的一切，但我们无法向狗解释发生的事情。不过我怀疑，凭借狗非凡的感知能力，它们一定知道主人已经离开，永远不会回来了。

悲伤时的感受很像抑郁症。你可能也会食欲不振、缺乏生活乐趣、不愿社交、感到精力不足。悲伤和抑郁时的感受有时是一模一样的。

专注悲伤的治疗（通常采取小组治疗的方法）可能效果良好，尤其对由不幸失去孩子引起的悲伤作用明显。只有那些经历过这种难以想象的失亲之痛的人才能感同身受，即使不用语言表达，也能体会。

（愿死者安息）

你知道吗？英语中竟然没有一个词能够形容失去孩子的人。如果一个女人失去了丈夫，她就成了寡妇；如果一个男人失去了妻子，他就成了鳏夫；如果一个孩子失去了父母，就成了孤儿；唯独没有专门的词汇形容失去孩子的人。不要问我为什么——我唯一能想到的可能就是，失去孩子这样可怕的想法或经历，英语这门语言根本无法正式接纳；也有可能是因为英语中能够表达深层情感的词汇匮乏。而我们的朋友——古希腊人，用来描述爱情不同阶段和类型的词就有七个。梵语（印度一种古老的印欧语系语言）中描述爱情的词汇多达九十六个！遥遥领先于其他语言。

世界有些地方会用"vilomah"一词形容失去孩子的父母。"vilomah"来自梵语，"寡妇"一词也源自梵语，意思是"人去楼空"。

来我诊所就诊的人，如果内心悲伤，通常会表现出类似于抑郁症的症状，而他们的主观体验（他们的感受和行为）就好像自己真的患上了抑郁症一样。

我告诉他们，如果悲伤情绪在两到四周以上的时间中都是主导情绪，那么由悲伤衍生的内心悲痛很可能已经演变成了抑郁——体内的化学物质发生了改变，悲伤发展成了一种临床表现。

几经思考，我还是决定讨论一下药物的治疗作用。药物治疗可能无法减轻陷入悲伤的人的痛苦，尤其是对失去孩子的父母，药物根本缓解不了他们所承受的痛苦。毕竟，失子之痛，痛彻心扉。

第三章

忧郁与抑郁之别

探讨这个问题之前，我们先看一个模型。这个模型有助于你了解情绪低落对我们造成的总体影响。此模型的精髓就在于其简明易懂性。

　　该模型明确阐明了我们自身各方面的相互关联性：我们的生理、行为、情感和认知（思想），以及这些方面与环境的相互作用。

　　（behaviour：行为　emotion：情绪　thought：思想　biology：生理　environment：环境）

　　我之所以使用"互关联性"一词，是因为本质上我们并不是由多个部分拼接在一起的，而是相互交织关联的。享誉世界的加拿大杰出医生加博尔·马泰（Gabor Maté）指出，所有的进化都是从单细胞生物体开始构建的。不同细胞四处移动，发展成消化系统、感官系统、大脑系统等特化细胞，但DNA依然相同。我们都是由一个细胞、一个精子、一个卵子进化而成的。

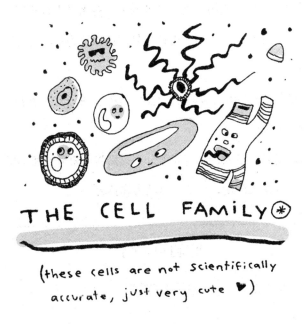

THE CELL FAMILY⊛

(these cells are not scientifically accurate, just very cute ♥)

（细胞家族）

（从专业的角度来说，这些细胞画得并不标准，但非常可爱。）

然而，为了治疗的目的，我们对人进行了划分（参照模型），以便了解我们自己各功能的运转情况和各方面的相互关联性。抑郁会侵入所有这些领域。

贝克抑郁量表

初次与患者见面时，我首先会评估患者是否存在压力、痛苦、情绪低落或抑郁的情况。我会使用"贝克抑郁量表"对患者进行测评。该量表得到了国际认可，并被广泛使用，设计者是"认知行为疗法之父"亚伦·贝克（Aaron Beck）。

贝克抑郁量表还能用于解释我们在生活中生理、行为、情感和认知（基于思维）方面的变化。

你可以通过自测量表进行自我评分，只需将所得分数相加即可。如果你愿意，也可以在线测量，系统会自动为你打分。

贝克抑郁量表

根据个人情况，选出下列问题的答案

问题1

☐　没有感到悲伤。　　　　　　　　　　　　0分

☐　感到悲伤。　　　　　　　　　　　　　　　　　　　1分

☐　一直感到悲伤，甚至无法自拔。　　　　　　　　　　2分

☐　感到非常悲伤、难过，难以忍受。　　　　　　　　　3分

问题2

☐　对未来并不十分悲观。　　　　　　　　　　　　　　0分

☐　对未来很悲观。　　　　　　　　　　　　　　　　　1分

☐　对未来无可期待。　　　　　　　　　　　　　　　　2分

☐　感觉未来没有希望，一切无法改善。　　　　　　　　3分

问题3

☐　不认为自己是个失败者。　　　　　　　　　　　　　0分

☐　认为自己比较失败。　　　　　　　　　　　　　　　1分

☐　回顾生活，只看到了无数失败。　　　　　　　　　　2分

☐　认为自己是个彻头彻尾的失败者。　　　　　　　　　3分

问题4

☐　无论过去还是现在，都有充实的满足感。　　　　　　0分

☐　不再像以前那样享受生活了。　　　　　　　　　　　1分

☐　很难获得满足感。　　　　　　　　　　　　　　　　2分

☐ 对一切都感到不满或无聊。 3分

问题5

☐ 没有内疚感。 0分

☐ 经常感到内疚。 1分

☐ 经常感到十分内疚。 2分

☐ 一直感到内疚。 3分

问题6

☐ 没有感觉自己受到了惩罚。 0分

☐ 感觉自己可能会受到惩罚。 1分

☐ 希望受到惩罚。 2分

☐ 感觉自己受到了惩罚。 3分

问题7

☐ 我对自己并不感到失望。 0分

☐ 我对自己感到失望。 1分

☐ 我不喜欢自己。 2分

☐ 我讨厌自己。 3分

问题 8

☐ 并不觉得自己比别人差。 0分

☐ 对于自己的弱点或错误，持批评态度。 1分

☐ 我总是因为自己的错误责怪自己。 2分

☐ 只要有不好的事情发生，都会责怪自己。 3分

问题 9

☐ 从未产生过自杀的念头。 0分

☐ 产生过自杀念头，但不会实施。 1分

☐ 想自杀。 2分

☐ 只要有机会，就会自杀。 3分

问题 10

☐ 不像平时那么爱哭。 0分

☐ 现在比以前爱哭。 1分

☐ 现在动不动就会哭。 2分

☐ 以前想哭就哭，而现在想哭却哭不出来。 3分

问题 11

☐　不像以前那样易怒了。　　　　　　　　　　0 分

☐　比过去易怒。　　　　　　　　　　　　　　1 分

☐　经常生气或发怒。　　　　　　　　　　　　2 分

☐　一直容易发怒。　　　　　　　　　　　　　3 分

问题 12

☐　对他人有兴趣。　　　　　　　　　　　　　0 分

☐　对他人不如从前感兴趣了。　　　　　　　　1 分

☐　对他人失去了很大兴趣。　　　　　　　　　2 分

☐　对他人完全失去了兴趣。　　　　　　　　　3 分

问题 13

☐　能果断做出决定。　　　　　　　　　　　　0 分

☐　做决定时比以前迟疑了。　　　　　　　　　1 分

☐　与过去相比，现在很难做出决定。　　　　　2 分

☐　凡事无法做出决定。　　　　　　　　　　　3 分

问题 14

☐　对自己的外表感觉一如既往。　　　　　　　0 分

☐　担心自己看起来很老或没有吸引力。　　　　　1 分

☐　感觉自己的外表发生了永久性变化，失去了吸引力。　2 分

☐　认为自己长得很丑。　　　　　　　　　　　3 分

问题 15

☐　工作时一切一如既往。　　　　　　　　　　0 分

☐　做事时需要付出额外的努力。　　　　　　　1 分

☐　必须非常努力才能完成工作。　　　　　　　2 分

☐　根本做不了任何事情。　　　　　　　　　　3 分

问题 16

☐　睡眠质量一如既往。　　　　　　　　　　　0 分

☐　睡眠不如以前。　　　　　　　　　　　　　1 分

☐　比平时早醒 1 ～ 2 小时，很难再继续入睡。　2 分

☐　比从前早醒了几个小时，再也无法入睡。　　3 分

问题 17

☐　没有感觉比平时累。　　　　　　　　　　　0 分

☐　感觉比从前更容易疲劳。　　　　　　　　　1 分

☐　做大部分事情都会感到疲惫。　　　　　　　2 分

☐　始终疲惫无力，什么也做不了。　　　　　　　　　　3分

问题 18

☐　食欲一如既往。　　　　　　　　　　　　　　　　0分

☐　食欲不如从前。　　　　　　　　　　　　　　　　1分

☐　食欲大不如从前。　　　　　　　　　　　　　　　2分

☐　没有食欲。　　　　　　　　　　　　　　　　　　3分

问题 19

☐　最近体重没有变化。　　　　　　　　　　　　　　0分

☐　瘦了近 5 斤。　　　　　　　　　　　　　　　　　1分

☐　瘦了约 10 斤。　　　　　　　　　　　　　　　　2分

☐　瘦了约 15 斤。　　　　　　　　　　　　　　　　3分

问题 20

☐　对自己的健康并不担忧。　　　　　　　　　　　　0分

☐　担心自己的身体会出现问题，如各种疼痛、胃部不适或便秘。

　　　　　　　　　　　　　　　　　　　　　　　　1分

☐　非常担心自己的身体出问题，很难集中精力。　　　2分

☐　非常担心自己的身体出问题，无法集中精力。　　　3分

问题 21

☐ 对性生活的兴趣没有变化。　　　　　　　　0 分

☐ 对性生活不那么感兴趣了。　　　　　　　　1 分

☐ 对性生活几乎失去了兴趣。　　　　　　　　2 分

☐ 对性生活完全失去了兴趣。　　　　　　　　3 分

完成问卷后，请将 21 个问题的得分相加。最高分可能为 63，最低分可能为 0。

分数	抑郁程度
1～10 分	正常波动
11～16 分	轻度情绪障碍
17～20 分	边缘型临床抑郁症
21～30 分	中度抑郁症
31～40 分	严重抑郁症
40 分以上	极度抑郁症

　　无论是你本人或是亲人进行测试，得分都会高低不同，采取的治疗方法也不同。我们再对这个量表进行仔细研究，深入理解，就能够解释你本人或亲人可能陷入抑郁的范围和程度。

得分：*1-10*

情绪正常起伏。生活中遇到停车被罚，脚趾骨折，指甲断裂，都是常有之事。毕竟生活无常，世事难料！谁遇到这样的事都会感到沮丧，但是如果这些事全部发生在同一天，可能就会让人患上轻微的忧郁症。

（Medic: 医护人员）

（救命啊！我的指甲断了！）

得分：**11-16**

轻度情绪障碍。这个范围内的分数，通常说明一个人已经开始受到职业倦怠的影响。家庭问题可能也给人带来了巨大的痛苦，如：孩子进入青春期的叛逆问题；父母去世后，与兄弟姐妹之间财产分配不均等问题。

虽然这些问题引发的情绪仍属于"忧郁症"大类，但是已经朝着痛苦和焦虑的方向发展了。

得分：**17-20**

这个分值段是进入临床抑郁症的临界点，情况也开始变得严重了。

当日常生活中遇到各种不愉快时，你的身体就会向你传达一个信息，即你个人方面出现了问题，有待解决。与此同时，你还将获得一个信息，即如果你不尽快做出改变，你将从身体、情感和心理上付出代价。

家庭问题，如财产纠纷，可能会造成巨大的痛苦，从而导致轻度情绪障碍。

这时你会感到肠胃不适。（若需了解更多有关肠胃和大脑在抑郁症和焦虑症中发挥的作用，请在谷歌上搜索哈里雅特·布朗（Harriet Brown）于 2005 年在《纽约时报》（*The New York Times*）上发表的文章《头颅中一个大脑，肠胃中的一个大脑》（*A brain in the head, and one in the gut*）。

你会变得易怒，疲惫乏力，睡眠不佳。时常感到全身无力，对生活的兴趣迅速减少，但你每天只要不断调整，仍然能够振作起来。

（再坚持一天，明天就发工资了！）

得分：**21-30**

这个阶段有多种情况。

测评分数在 21～30 分之间的患者，我一般会采取心理治疗的方法。然而，一旦超过 30 分，说明已经患上抑郁症，必须采取药物治疗。这时若要心理治疗有效，就有必要首先进行药物治疗。

许多人即使进入了这个阶段，身体功能仍然能够正常运行。但是，你会经常感到生活中所做的一切都是徒劳的，凡事都变得乏味无趣。由于此时你的精力、注意力和决策能力都受到了削弱，因此工作中你必须付出比平时更多的努力。

负责这些心理功能的大脑部分，称为颞叶。颞叶部分既复杂又脆弱。因此，哪怕只是患上了轻度／轻微的抑郁症，这些部分都会受到影响。一旦受到影响，这必然是第一个关闭的系统，也是最后一个恢复正常的大脑功能。

（他们都说大象从不忘事……可是，我要是不列个待办清单，就不知道自己该干什么了！）

（to do：待办清单　eat：吃饭　sleep：睡觉　poop：上厕所）

对于测评分数低于 30 分的人，在心理治疗过程中，虽然我也可以不采取药物治疗——因为即使到了这个阶段，有时通过调整生活环境和人际关系，抑郁也可以缓解——但是我一定会提醒患者，这种独立的、仅仅基于心理治疗的过程可能会持续多久，并强烈建议患者配合药物治疗。我的心理医生对我采取的就是这种方式。具体情况如下：

前面我说过，我的躁狂症恢复正常后，经历了非常严重的抑郁症，吃不下饭，甚至很少下床，体重迅速下降，变得骨瘦如柴。我当时的观点和英剧《荒唐阿姨》（*Absolutely Fabulous*）中的帕齐（Patsy）相似，他的理念是：你永远不可能无限拥有太多帽子、手套和鞋子——你也不会永远消瘦，所以我对自己的体重并不担心。

但是我的心理医生玛格丽特·霍尼曼却不赞同这种观点，不过我必须承认，当时的我严重抑郁，以至于根本没有意识到自己的消瘦。玛格丽特给了我两个星期的时间让我恢复体重，用什么方法都行：吃自助、食用天然替代品、改变饮食、坚持锻炼。相信我，各种方法我都试过了。

如果时间能够倒流，当我发现情况没有明显好转时，就应该及时服药！

我感觉自己无论是作为一个人还是一个心理学家，都失败了——但事实证明并非如此。

得分：**31-40**

严重抑郁。进入这个阶段，就没有必要再纠结是否需要进行药物治疗了。圣约翰草[1]和急救花精[2]治疗抑郁的时代已经一去不复返了。到了这种程度的抑郁，人往往会感到体弱力衰，通常需要住院治疗，因为患者产生自杀念头的频率和强度都会增加。

虽然你患上了临床抑郁症，但是只要服用正确的药物、获得家人支持、充分休息、参加社区心理健康辅导、构建个人心理支持，就有可能渡过难关。

在这个现阶段，以下几件事至关重要：

1. 与医生保持联系。（可能你已经有了医生，注意保持联系。）

2. 请假休息。（医生会为您提供医疗证明。）

3. 如果你有收入损失保险，请立即激活，因为你可能会停工一段时间。

得分：**Over 40**

作为一名私人诊所的临床医生，我很少遇到得分超过40的病人。到了这个阶段，首先患者的家人需要清楚地意识到抑郁症的严重性，并需要经常联系私人和社区临床医生。虽然患者都不愿意住院治疗（这是我个人

1　又名金丝桃，贯叶连翘，可用于治疗气滞郁闷。——译者注

2　有助于稳定情绪，减轻心理痛苦。——译者注

的经验，因为我已经住过多次了），但通常住院却是保证患者安全的唯一方法。特别是当自己的亲人患上严重抑郁时，要做出将其送医院治疗的决定的确十分艰难，但此时你更需要谨记，只有在职业心理健康医生的帮助下，亲人的情况才有可能好转。

到了这个阶段，患者会频繁产生自杀的想法，甚至可能已经开始尝试了。

严重抑郁往往会因此演变成精神病性抑郁症。

精神病性抑郁症是重度抑郁症的一种亚型，当严重抑郁出现某种形式的精神病时就会发展成为精神病性抑郁，如产生幻觉（比如听到有声音说你是个坏人）、错觉（比如强烈的失败感或无价值感），或者其他不现实的思想。

根据美国互联网医疗健康信息服务平台（WebMD）的数据，因抑郁症入院的患者中有 25% 的人是精神病性抑郁症。

精神病性抑郁症比较罕见，情况非常严重，往往会发生在那些拒绝寻求专业医生帮助的人身上。

（我不需要帮助！）

还有疑虑……？

执业过程中，我发现了一件有趣的事，那就是有些人根本不愿意甚至经常拒绝接受专业的医学治疗。不过，如果你知道了因心理健康问题住院的过程时，也许就不觉得奇怪了。

试想一下：假如你的亲人患有严重精神疾病，他们对自己、对他人可能都存在危险。你要想帮助他们，就必须做出艰难的决定，让他们住院治疗。首先需要请两名精神病专家对患者进行评估，然后在文件上签字（感觉自己就像犹大），看着你的亲人被警察带走。

现在让我们切换一下频道，进入"真正的"医学世界。你能想象，有人化疗都是被警察带去的吗？

　　或者一个人的膝盖需要手术，却拖了两年迟迟不去，结果每天一瘸一拐痛苦不堪，最后被迫不得不去做了手术。这究竟图的是什么啊？

（医生说我需要住院，不是坐牢。）

是什么导致了抑郁症？

现在，你应该能够判断身边是否有人患上了抑郁症，可能是你本人，也可能是你的亲人。那么导致抑郁症的，都有哪些潜在因素呢？

需要强调的一点是，抑郁症基本不可能是由一种原因导致的，往往是由多种因素共同促成的。

遗传

有研究表明，有些人天生就具有抑郁症的遗传易感性。不过，存在易感性并不意味着你一定会患上抑郁症。存在易感性只能说明你承受压力的遗传能力较弱，因此患上抑郁症的风险较大。

抑郁与我们的生物化学息息相关，并非外在的抽象概念。

（你感觉怎么样？）

（太好了！我都不知道哪儿来的灵感！）

生物化学

生物化学因素与上述遗传理论有着千丝万缕的联系。随着科学的发展，我们对人类大脑的了解越来越深入，知道了情绪是由脑电活动和大脑中的某些化学物质进行调控的。多巴胺——快乐；血清素——情绪提升；内啡肽——不错的镇痛剂。

例如：绝望，并非什么富有诗意的抽象概念，我们能够感受到爱、痛苦和激情；也不是我们可以通过绘画和写诗、写歌表达的概念，就好像存在于我们身体之外一样。

不，女士们，先生们，实则不然，抑郁与我们的生理息息相关。我们的感觉是由我们的身体建立和维持的。想象一下：走到电灯开关前，把灯打开。结果……因为停电了，灯没亮。没有电，灯就不会亮。这里根本不存在什么黑魔法，也没有发生什么诡异的事——只是"停电了"这一基本事实。

你的身体亦是如此。清晨醒来，你很想快乐地迎接这一天的到来——然而你没有机会，因为你"没有电了"。你想再次获得快乐、对事物感兴趣——然而机会渺茫。为什么？因为你没有这些事情所需的生化物质。没有电，灯就不会亮。

（换一个灯泡究竟需要花多少天？）

物理因素

抑郁症也会与其他身体疾病共存，其他疾病也可能会伪装成抑郁症（例如甲状腺问题、睡眠呼吸暂停、腺热病）。因此，临床医生对你进行抑郁症诊断之前，需要评估这些可能性，这一点很重要。

所以，你现在应该明白，抑郁症从很多方面而言都是一种复杂的疾病，能够从生理、行为和认知方面削弱一个人。然而，如我之前所说，世界各地的人们对精神病的治疗仍然存在抵抗情绪。为什么人们对精神疾病还是如此大惊小怪？

第四章

精神病学印象

在谈及你或亲人可以得到的治疗之前，我想再深入谈一谈为什么许多人患上了心理健康问题后，不愿意寻求帮助和／或不愿寻求心理健康专家的帮助。一说到精神治疗，人们就会产生恐惧，源于多个因素：

- 电影和电视因素：20 世纪 70 年代的电影《飞越疯人院》（*One Flew Over the Cuckoo's Nest*）就是一个标志性代表。杰克·尼科尔森饰演的角色既可爱又有点无赖，在疯人院期间接受了 ECT 治疗（电休克疗法，基本上是电击）。电影的最后，疯人院强行对他实行了额叶切除手术。这两种疗法的目的在于矫正其行为。

- 历史因素：我要讲述的是一个真实的故事，美国佛蒙特州的一名著名律师因患有抑郁症，人们把他的头按入一桶水里进行治疗。结果抑郁症还没治好，他就淹死了。诚然，这的确是真实发生的事，但人们却忘记了这件事发生在 1806 年，已经是 200 多年前的事了。人们还忘记了那个时候正统医学还处于起步阶段，还是个流行用水蛭和放血方法进行治疗的时代，根本没有细菌理论的概念，也不懂得对感染的伤口定期换药。

显然，只要这样的认识继续存在，全世界数百万患有精神障碍的人将得不到治疗。不过，人们对精神类疾病的恐惧和无知，正是源于这些过时的临床实践的印象。精神病学是医学科学的一个分支，早期流行文化中写满了对精神障碍的歧视与偏见，但是随着科学的进步，这门学科已经取得了长足的发展。

不可能！我的情况不可能这么严重，对吧？

——许多患者的心声

这句话也说明了人们之所以对精神障碍持消极态度的一个主要原因。人们都以为，只要患上精神障碍，人生就到了尽头，他们很快就会发疯，就会"胡言乱语"，然后被套上紧身衣，强行带走，锁起来，从此与世隔绝。

但实际上，抑郁症和其他疾病一样，只是一种病症。虽然大脑是一个非常特殊的器官，负责我们的行为、情感和语言，但也只是人体的一个器官而已。这些虽然是事实，但是对一些人来说，尤其是在精神状态不佳的情况下，很难内化这些信息。

当身体其他器官出现问题时，我们都能坦然接受，该休息就休息，该吃药就吃药，而且这样的事经常发生。我们总是会努力"善待"我们的器官、肢体或骨骼。

假如你滑雪时，发生了小意外，造成轻微受伤：

（不会一命呜呼了吧？）

我敢打赌，短时间内你很可能不会再去滑雪了。你会立即去看医生，接受医学治疗，进行康复训练，直至痊愈。

然而，当你的大脑表现出抑郁症状，如注意力不集中、决策不善时，你就会倍感挫折，懊恼不已。你首先会通过更加努力地工作，使劲喝咖啡提神的方式进行补救，总之你会拒绝寻求帮助，以期凭己之力"克服"！

大脑只是我们身体中的一个器官，

只不过是最重要的那个器官而已。

如果你的大脑需要休息一段时间或需要受到照顾，*并不代表你就是一个失败者，也并不代表你的人品存在缺陷。*

精神疾病（包括抑郁症和焦虑症）之所以被冠上污名的确是受到了电影、媒体和社会的影响。但是在寻求治疗的过程中，最大的障碍往往是你自己内心的耻辱感，是你对精神疾病的恐惧感和对自我的失败感。

（受伤的指甲）

我们生活在头脑里

我们的眼睛、耳朵和呼吸系统都与头部紧密相连，我们又是通过位于头部的大脑进行思考的，所以我们常常感觉自己好像就生活在头脑里。

因此，我们认为大脑拥有各种神秘力量——我们的灵魂在大脑里，是不是情绪也在那里？通往来世的门票是不是也在大脑里？

正是这些对大脑如此神奇的意识使得我们对大脑产生了过度保护的意识。我们感觉，大脑是一个永远不能被药物治疗的器官。我们认为，心理干预可能会对"自我"造成无法弥补的伤害。

这种想法与把精神科医生视为"让脑袋缩水的人"（仅次于巫医）的想法异曲同工。

（你刚说你是哪里毕业的？咯咯 咯咯）

但现实是：

精神病学家也是医生。

心理学家和精神病学家之间究竟有什么区别，你可能还心存疑惑。以下信息有助于你对二者进行区分。了解二者的区别十分重要，它有助于你决定向谁寻求帮助。（你的医生可能也能帮助你做出判断。）

精神科医生的主要任务是对精神疾病进行医学诊断和治疗。精神科医生尤其强调生物治疗法，但也不排除其他治疗方法。（如下所述，心理学家不能开处方药。但两者都可以对精神病患者进行治疗。）

当然，你的医生也可以提供帮助，但是他们毕竟没有接受过心理健康方面的专业培训。另一个重要因素是，由于"药物经济学"[1]的原因，你的医生只能获得某些特定抗抑郁药，通常是政府补贴的抗抑郁药。

请勿误会：大多数求助于家庭医生的人都得到了成功的治疗。在此我是想表明，精神科医生是心理健康方面的医学专家，就像肿瘤学家是治疗癌症的医学专家一样。

---

1 广义的药物经济学主要研究药品供需方的经济行为，供需双方相互作用下的药品市场定价，以及药品领域的各种干预政策措施，等等。——译者注

　　首次会诊时，精神科医生会对你的情况进行一次评估，就像一次讨论会一样，收集患者的相关信息。这个过程就是为了确定患者的抑郁症是由生理因素还是心理／环境因素引发的。经验丰富的精神病专家能够辨别这两者的不同，最终做出采用生物治疗（例如药物或 ECT）、心理治疗或是两者兼之的治疗方法的决定。

　　（我之所以使用了"经验丰富的精神病专家"一词，是因为老派精神病学往往更注重医学治疗。过去，心理学治疗方法和心理学家在精神病学科领域只是卑微的助手。显然今非昔比，现在你更希望找到一位精通心理健康综合领域的精神病专家。如果你不确定你的医生是否是心理健康综合领域的专家，大胆询问，如果不合适，就换其他医生！）

（如果你的故事发生在别人身上，你一定会觉得很滑稽。）

提到找医生这个话题，我需要再次强调，当你决定寻求心理健康专家（如果可以选择的话）的帮助时，"合适"的医生才是对的医生。在学术文献中，我们称之为"相互合适"。

假如你正在接受购物疗法[1]，于是你去了一家鞋店。你知道自己想要什么款式的鞋子，以及上脚后的感觉和穿上后的效果，期待为自己的生活增色。然而，当你穿上鞋子走到大街上时，却发现刚买的新鞋并不合适——又小，又硬，还没弹性。这时你才意识到，你花了那么钱，买的鞋子却不合适。

选择心理医生就像给自己选鞋子。如果发现医生不合适，就不要继续下面的疗程。如果你告诉心理医生或精神科医生，你不想再继续进行治疗（哪怕你才参加了一次治疗）时，他们生气了，那是他们的问题，不是你的问题。

不断尝试，直到选到合适的心理医生。

---

1 指为了调整情绪或精神状态而进行的购物行为。——译者注

（我才不在乎合不合适呢，我就喜欢波点和星星！）

（sold：售出）

第五章
吃药还是不吃药？

当今世界，抵制用药的呼声依然非常强大，而且几乎无处不在。我想说的是，与其他领域的药物相比，人们对精神类药物的抵制情况更为普遍。当然，有些人也拒绝服用抗生素类药物，但并非多数。

不过，我确实见过很多人固执地认为自己不需要药物治疗，坚决拒绝服用精神类药物。为什么？下面的原因可能是其中一个。

虽然我不知道你的年龄几何，但我可以肯定地推测，你们中有一部分人应该是出生在 20 世纪 60 年代或 70 年代，要么你的父母或祖父母出生于这个年代。不管怎样，你可能见过或听说过一些耸人听闻的精神病治疗故事。在西方世界，20 世纪 60 年代是一个重大的社会变革时期。家庭仍然稳居社会结构的核心。男人们每天出去工作，留下妻子和家人待在郊区破烂不堪的小房子里。60 年代的家庭主妇们，通常生活无聊、心情压抑、情绪焦虑，于是纷纷向医生寻求帮助。

滚石乐队的歌曲《妈妈的小帮手》（*Mother's Little Helper*）标志着焦虑时代的到来，讲述了生活在郊区的家庭主妇为了照顾丈夫和孩子，不得不服用黄色小药丸缓解焦虑。

像苯二氮卓类（注：不是抗抑郁药）镇静剂打着无副作用、包治百病的幌子渗透到我们的社会中。因为这些药没有副作用，不会上瘾——有点像 20 世纪 90 年代的羟考酮，因而被卖给了医生。全世界数以百万计的人（大多数是女性）都服用过这种灵丹妙药。然而，当人们决定停止服用这种药物时，问题出现了。

也就是在那时，科学家和医生才意识到这一"医疗事故"的严重性。医生们被指控是制药公司的奴隶，为了开脱罪责，医生将解决焦虑的最新处方改为，打几局高尔夫球或在热带度假胜地度假一周——这些都是时代的产物。

扑热息痛，一杆进洞解万愁！

过去，西方的制药公司在执业医生身上投入了大量金钱。我承认，为了前往某个会议发言，我曾乘坐商务舱环游南太平洋，所有费用都由制药公司报销。不过现在，这些做法已经不合规甚至不合法了。

回到正题，虽然医生有这样或那样的"福利"——难道你真的认为你的家庭医生就是一个无情的药贩子吗？你真的认为他们根本不在乎这些药能不能帮助你，只会设法让你沉迷于处方药，从而快速赚钱吗？大多数情况下，患者对药物上瘾并非因为医生故意渎职。在此我并不是为医生过度开抗焦虑药物开脱，我的意思是，*这些药物确实有效果，能够缓解患者的焦虑情绪，患者一直需要，所以医生就一直开*。而问题在于，这些药物很容易让人上瘾。

虽然现在时代不同了，但人们不会轻易忘记过去。而且，由于过去精神药物治疗出现的重大问题，因此，药物治疗仍然被认为是最后不得已的选择，而不是治疗时的首要选择。

新药物科学

说实话，我曾经参加过一个会议，会上，墨尔本大学精神病学教授、医学博士格雷厄姆·D.巴罗斯向一群神经科学家提出了一个具有挑战性的问题：

　　"在座的有人能告诉我抗抑郁药的准确作用吗？"

　　我记得当时无人能够回答。据我所知，从现代的角度理解，服用抗抑郁药的过程，就像把一种化学物质作为飞镖射向神经递质这个飞镖靶，然后观察化学物质的作用一样。虽然这只是个类比，但是药物确实能起作用。

　　我个人深有体会。我从不相信药物能缓解我因抑郁症而产生的绝望。但是对于我的绝望，如我之前所说，我的精神科医生让我尝试了其他方法，但都没有作用。

　　我问了医生这样一个问题："很多情况下，抑郁症会自然消失，是真的吗？"

　　她说："是的，不过需要过一段时间之后，大概六到十二个月的时间吧，在这期间你需要生活在一个毫无压力或不感到紧张的世界里。"

AFTER THE "CHICKEN OR EGG" FIASCO,
EGGBERT NEEDED A HOLIDAY IN THE PRODUCE DRAW.

(在"先有鸡还是先有蛋"的惨败之后,艾格伯特需要在农产品抽奖时度假。)

这样啊……希望渺茫,我心想。我还是吃药吧。

服药果然有效,大约三周后,我就能够感到一点过去的"自己"了。我可以自然而然地进行写作,与他人交流,甚至有了久违的微笑——微笑可是我日思夜想的老朋友。

抗抑郁药相关小知识

- 抗抑郁药不是成瘾性或依赖性药物,因为你无须不断增加剂量获得同样程度的缓解。
- 停止服药时,有一些抗抑郁药(但不是全部)可能会引发一些脱瘾症状。无论你需要服用的药物是否具有上述特性,我强烈建议,在医生或精神科医生的指导下服药。
- 这些药物没有固定的服用时间,通常都是根据每个人抑郁症的严重程度量身制定疗程。

抗抑郁药的类型

如前所述,有关抗抑郁药物方面的科学已经发展起来。

有一些抗抑郁药物已经使用了30多年,如单胺氧化酶抑制剂(MAOIs)和三环类药物,例如阿米替林、去甲替林和氯丙咪嗪。

（fence? 安装栅栏？　finish the road? 把路修完？）

（科学家研究项目：救护车上山问题）

这些药物均有良好疗效,但同时副作用也确实很严重。若要达到治疗剂量,每天需要服用 75 ～ 100 毫克。此外,这种剂量的抗抑郁药,还会导致视力模糊,口干。

虽然,这一代药物已经被取代,但我对其中一些药物仍情有独钟。

- 对于焦虑和失眠,我常推荐的药物是去甲替林,但使用剂量相对较小,每天约 10 ～ 25 毫克(我称之为顺势疗法的剂量)。
- 阿米替林能够有效抑制慢性疼痛,疗效良好。
- 氯丙咪嗪在治疗强迫症(OCD)方面仍然是金牌首选。

三环类药物通常能够起到"增强剂"的作用,与新药合用(就像制作鸡尾酒一样),能够增强药物的疗效。

口干是服用了一些传统抗抑郁药物后常见的副作用。

新药物上市

由于这些抗抑郁药物的副作用很大,人们开始竞相开发新一代抗抑郁药。1988 年,百忧解(Prozac)率先上市。这是美国食品药品监督管理局(FDA)批准上市的第一种选择性血清再吸收抑制剂(SSRI)。紧随其后的有同类药物左洛复、喜普妙、帕罗西汀和吗氯贝胺。每个制药商都为自己的品牌赋予了种种优势和益处,但实际上,这些药物与三环类药物的疗效相同。

这些药物也并非没有副作用:我记得在吗氯贝胺药物的发布会上,当制造商自豪地宣布他们的药物——也只有他们的药物,不会产生性功能障碍的副作用时,我忍不住大笑起来。

百忧解初期也存在问题。百忧解似乎是为我之前所述的忧郁型抑郁症量身定制的药物。然而,这种药物一开始的特性会唤醒患者更多植物神经性抑郁症,过度刺激焦虑性抑郁症,导致自杀行为增加。

我曾问过我的精神科医生玛格丽特,为什么不给我开百忧解,因为当时这种药非常流行。她说:"因为服用这种药会让你再次兴奋起来,我们不能冒这个险。"就这样,我就没有服用这种药。

继续发展

随着人们对焦虑和抑郁之间不可分割的联系的意识越来越强,人们开始寻找能够解决这一困境的药物。血清素 - 去甲肾上腺素再摄取抑制剂

（SNRI）应运而生，如倍思乐（主要成分是去甲文拉法辛）、怡诺思（主要成分是盐酸文拉法辛）、盐酸度洛西丁等药物。这些药物对与焦虑相关的血清素和肾上腺素都能发挥作用。

SSRI 和 SNRI 这两类药物仍在不断研究开发之中。当然，随着我们对焦虑症和抑郁症之间关系的深入了解，新型药物将在治疗这些疾病方面发挥越来越大的作用。

如你所见，现在可供选择的抗抑郁药种类多样。因此，我在此重申，如果家庭医生给你开的药效果不佳或症状得不到缓解，就要去看专业的心理医生，这一点至关重要。

如果药物不起作用怎么办？

的确，有一小部分人患上抑郁症，很难治疗，我们称之为难治性抑郁症。也就是说许多抗抑郁药都不起作用，即使结合心理疗法也没有改观。幸运的是，大部分人不存在这种情况。

生物治疗有哪些方法？

经颅磁刺激（TMS）

这是一种非侵入性手术，它利用磁场刺激大脑中的神经细胞，以改善抑郁症状。我对这项技术不甚了解，更没有必要不懂装懂，不过，国际上采用这种方法治疗抑郁症的成功率令人瞩目。我可以确定的是，当我在一家使用 TMS 系统的诊所工作时，我看到一些难治性抑郁症患者因此受益匪浅。

有些人（但不是所有人）需要采用这种额外的治疗方案。如果你真的到了这一步，负责给你治疗的临床医生会告诉你所有相关信息，帮助你了解这种新型的抑郁症辅助治疗技术。

电休克疗法（ECT）

20 世纪 30 年代末，医学界首次使用这项技术。如前所述，由于 ECT 的误用、过度使用和滥用，这种治疗技术不仅不受欢迎，还遭到了人们的广泛反对。

ECT 在不到一秒的电击中所产生的电压在 75 ～ 150 伏之间，电流不大，十分安全。电击的目的是诱发癫痫发作，从而使患者振奋情绪。

多年来，我接触过的许多患者都采取了 ECT 治疗法。这种疗法见效快，而通过服用药物进行治疗的患者，往往需要忍受数月煎熬，还不一定起作用。

我工作的单位购置了一台经颅磁刺激仪。仪器到达后，我问同事："这和 ECT 有什么区别？"他说："方法差不多，但是副作用小得多。"

> **微剂量**
>
> 有人可能听说过用"微剂量"的裸盖菇素等物质治疗抑郁症的方法。但这些方法目前仍处于早期试验阶段，还在探索之中，在此不做详述。

几点补充······

若是服用药物效果不佳，我需要尝试 TMS 吗？——需要。

若是 TMS 也不起作用，我需要尝试 ECT 吗？——需要，如果医生推荐的话，更要尝试。但这些都是个人的选择，对有的人来，ECT 的效果更好。

第六章

哪种疗法最适合我

对生物治疗法的讨论暂告一个段落，我们再来讨论心理干预的作用。至此我们已经明确，精神病医生是通过生物干预治疗抑郁症的医学专家。此外，精神病医生同时也是心理分析师和 / 或心理治疗师，能够对患者进行某种形式的心理治疗。

　　但是各国精神病医生的具体情况各有不同。美国的许多精神病医生都学习过心理分析。但心理分析已经不流行了，这是因为出现了基于循证的认知行为疗法（CBT），而保险公司更青睐于这种疗法。过去患者如果接受心理分析疗法，每周要进行三到五次治疗，而且要持续治疗三到五年的时间，所有费用保险公司都要报销，还不能保证治疗就有效果！

总之，心理医生可以是心理学家、心理治疗师或学习过心理分析的精神病专家。但最主要的是，心理分析治疗师、心理咨询师和心理学家都没有开处方药的权利。

如果在你的印象中，去看"心理医生"，就是躺在沙发上接受医生的心理分析，实际情况基本就是这样。只不过，你的心理分析师可能不是精神病专家，你的精神病专家或心理医生可能没有沙发让你躺。弄清这些区别之后，我们继续讨论……

究竟应该选择哪种治疗方法？

目前，可选择的心理疗法多种多样。在我看来，对于抑郁症来说，最好的选择是心理治疗与药物治疗相结合。事实上，美国有一些采用认知行为疗法的诊所，如果患者不接受药物治疗，医生会拒绝对其进行心理治疗。

前面我提到过，我会给那些没有服药的患者进行治疗，但取决于患者抑郁症的严重程度。

如果患者的抑郁程度达到了严重程度，我会坚持使用药物治疗，但一种情况例外。

作为心理医生，对于各种治疗方法，我通常都会博采众长。我已经有多年心理医生从业经验，见证了多种治疗方法。这个领域涉及的治疗方法总是在不断地推陈出新！

你可能会对以下统计数据感兴趣：2019 年，全球个人发展行业的估值为 382.8 亿美元，每年预计增长 5%，到 2027 年将达到 566.6 亿美元。世界级潜能开发专家托尼·罗宾斯（Tony Robbins）的年收入"仅为"4.8 亿美元，医学博士狄巴克·乔布拉（Deepak Chopra）的年收入也"只有"1.5 亿美元。我要说的是，这里的"仅仅"只是针对他们个人而言。

我并不是在嘲笑他们的成功——说实话，我自己也写过一本奇怪的励志书！在此，我只是想强调这个行业的广泛性，治疗方式的多样性，以及选择的灵活性。我会根据患者的情况调整治疗方式，寻求最有效的方法。

但有时选择太多，反而会让我们眼花缭乱，无从下手。

（Hmm… 嗯…… menu：菜单）

当面对无尽的选择，如身处迷宫般迷茫时，我常常会求助于维基百科。通过查询我发现，仅仅是改善心理健康方面的治疗方法就多达87种。

对了，那87种方法，还只是字母 A～H 之间的方法，我还没有统计完！如果把所有心理治疗的方法都罗列出来，那绝对可以组成一个复杂又庞大的宫殿。

该选哪一种？哪一种最好？哪一种最流行？我喜欢哪一种？我的伴侣喜欢哪一种？

回答上述问题之前，我先来介绍共同要素理论。根据共同要素理论，虽然心理治疗方法多样，干预措施和技术各有千秋，但这些方法能够起作用，是因为它们都具有一些共同要素。

（music：音乐　art therapy：艺术疗法　play：玩耍

transactional analysis：相互作用分析　behaviour therapy：行为疗法　NLP：NLP疗法

Gestalt：格式塔疗法　Freudian：弗洛伊德心理疗法　object relations：客体关系理论

Psychoanalysis：精神分析　rational emotive therapy (RET)：理性情绪行为疗法

CBT：基于循证的认知行为疗法　cognitive therapy：认知疗法）

（I feel like I've been here before…：我好像来过这里……）

如下图所示，在心理治疗的成功因素中，所使用的治疗模式或技术要素只占 15%。关系要素占 30%，主要包括：

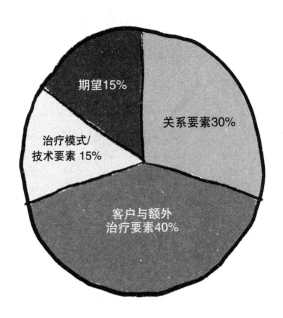

共同要素理论示意图

兰伯特，1992

- 心理医生的同理心；

- 目标共识和协作关系；

- 积极地尊重和肯定；

- 心理医生的技术；

- 双方的一致性 / 真实性。

重点在于，你与医生的关系比选择什么样的治疗技术更重要。

各项研究表明，治疗抑郁症最推荐的方法有：

（首选！）

- 认知疗法；

- 行为疗法；

- 认知行为疗法；

- 辩证行为疗法；

- 心理动力学疗法；

- 人际治疗法。

时刻谨记，如果抑郁症程度十分严重，这些心理疗法需要结合药物治疗，效果才最佳。

人们所熟知的 CBT 疗法，治疗抑郁症和焦虑症的成功率极高。这也是我在临床实践中使用的主要方式。然而，许多来治疗的客户常对我说：

我希望你不要使用 CBT 疗法。我试过了，不起作用。

在我看来，这种疗法之所以没有起作用，是因为客户与治疗师之间的关系不和谐，而不是治疗方法本身不起作用。所以，问问你信任的人——你的朋友，你的医生——他们会推荐什么方法。不要因为害怕抑郁症的污名，而不敢与他人交谈。

我希望通过这篇文章，你能够了解不同类型的疗法，并做出适合自己的选择。如果进行了六次治疗后都不起作用，就是真的没效果。换一个心理医生。我的意思是，如果你遇到了一个不理想的理发师，下次理发你还会找他吗？

遇到这样的理发师，你还会再来吗？

（洗几次就好了……）

第七章

自然疗法——
回归大自然母亲的怀抱

这一话题颇具争议性，各医学学派均持有不同观点，至于从何谈起，提笔之前，我思考了良久。每个国家之间采用的自然疗法也存在显著差异，许多国家，如加拿大、英国和欧洲部分地区正在开发和应用"补充与替代疗法"（CAM）。

自然疗法的历史……

考古证据表明，人们以植物为药的历史可以追溯到大约 60000 年前的旧石器时代。而最早的书面记录是 5000 多年前，古代美索不达米亚的苏美尔人刻在石板上的记录。因此可以说，植物疗法与人类本身一样古老。植物、草药和其他自然疗法在中国和印度等国家已经有 6000 年的历史了。

我最喜欢的一位天才科学家曾经说过：

深入大自然，世事自然明。

——阿尔伯特·爱因斯坦

现代社会初期（从 14 世纪末到 18 世纪），上过大学的医生很少，人们生病后往往会求助"女巫"，女巫使用的就是草药治疗法。然而，一旦治疗不起作用，人们就会指控女巫使用巫术。在现代早期，据估计有数万人因"巫术"被处决或烧死。难怪这种疗法不流行了！如果你是生活在父权制社会的女性，更不会使用这种疗法了。

19 世纪初是药用植物知识发展和使用的转折点：罂粟、奎宁（由树皮制成）、石榴均可入药。随着化学法的发展，人们在药用植物中发现了其他活性物质，如丹宁酸、维生素和激素。

如我们所知，现代西医始于 18 世纪工业革命之后。那时，人们能够轻松穿洋过海，世界经济、工业也随之迅猛发展，人口急速增长。

科学家们开始着手研究细菌和病毒。与此同时，19 世纪末，由于国家在自来水、卫生、废物处理和勤洗手等公共卫生方面采取了一系列措施，死亡率大幅下降。因此这个时期的死亡率下降并非完全是西方药理学的功劳。

药物快速批量生产，大型制药公司崛起

现代疾病日益增多，科学家不断探索治疗方法。例如，1897 年，一些德国化学家用合成水杨酸（从柳树皮中提取）首次制造出了阿司匹林，并销往全球。

现在我们能够通过合成的方法，模仿药用植物的特性。人们用罂粟籽制成了海洛因和吗啡，又开发出了美沙酮，最近还制造出了让我们谈之色

变的羟考酮和芬太尼。

　　撰写本书时，我得知一位才华横溢、充满活力的年轻人去世了，他曾经是我的客户。那一天夜晚，他感到很颓废，想找一点可卡因提神。可是为了获得高利润，别人卖给他的是混有芬太尼的可卡因，结果让他万劫不复！芬太尼的药效是吗啡的 50～100 倍，即使最小的剂量也有可能致命。他服用后立即脑死亡，一小时后被宣布临床死亡。多么让人痛心的悲剧啊！然而，街头售卖合成镇静剂的人比比皆是，受害者也不计其数，我的客户只是其中之一。这种合成镇静剂的致命程度远远大于最初的天然止痛药——古老的罂粟。

（大型制药公司）

随着20世纪全球对药品的需求不断扩大，药品的制造商"大型制药公司"积累了大量财富，权力越来越大，不断将"利益置于一切之上"。

不过，就新冠感染的研究而言，制药公司快速生产的疫苗拯救了许多生命，因此我们对制药公司也不要过于悲观。如果没有青霉素和脊髓灰质炎疫苗，没有治疗艾滋病、抑郁症、精神分裂症、双相情感障碍等的药物，情况又会如何？因此，药物当然也是有好处的。

补充替代疗法与抑郁症

我之前提到的科学研究包括对精神疾病药物的研究。由于苯二氮䓬"完蛋了"，许多人希望回归自然，避免使用"大型制药公司"的正统药物，有这种心理也不足为奇。

现在倡导的健康饮食、有机食物和无麸质运动，也是人们期望回归自然的一种体现。然而，心理健康领域中的非处方天然补充剂并非没有缺点和局限性。

以下是抑郁症最常见的天然药物。

- **Omega-3 脂肪酸：**虽然这种物质比较安全，但将其作为治疗抑郁症的一种药物，其疗效目前仍在探索中。
- **藏红花：**能够改善轻度抑郁症的一些症状，但仍需深入研究。

- **5-HTP:** 即 5- 羟色氨酸，可提高血清素（一种可调节情绪的化学物质）水平。然而，如果剂量不明，也存在安全问题，可能会导致血清素综合征（剂量过量导致的不良反应）。此外，其疗效研究仍处于初级阶段。

- **圣约翰草:** 看似有助于治疗轻度 / 中度抑郁症——即"忧郁症"。但是，这种物质会干扰其他药物的效力，如抗抑郁药、避孕药和血液稀释剂。

由于这些营养和膳食补充剂不需要受到美国食品药品监督管理局等机构的严格约束，所以你无法确定你买到的是不是正品。因此，我建议一定要到信誉良好的公司购买，购买前请咨询你的医生。

无论是处方药还是补充替代药物都无法保证绝对安全。人们总是想当然地认为天然药物一定安全，毕竟是"天然的"。然而，我们现在所说的天然药物指的不是那些善意的"女巫"们使用的草药，而是 2021 年市值 1000 亿美元的医药行业（预计到 2028 年市值将增长至 4046.6 亿美元）生产的药物。

只要有发展趋势和需求，就有营销，就有公司盈利。在这种情况下，谁能保持天然药物一定天然、一定安全？

关于自然疗法的几点建议

● 购买药物时，选择信誉良好的公司。

● 服用任何天然药物之前，请先咨询医生。

● 一定要找自然疗法医生、草药医生或功能医学专家，或在这些领域受过专业培训的医生。

● 目前有研究表明自然疗法可以治疗抑郁症，但仅适用于轻度 / 中度抑郁症——即"忧郁症"。我不建议将这些疗法用于临床抑郁症的治疗，尤其不能作为主要的治疗干预措施。

第八章

**抑郁症——
和信仰有什么关系?**

到目前为止，我一直探讨的是健康方面的服务：心理学、精神病学、自然疗法，等等。突然间我想到，我忽略了一点，那就是许多人都有精神信仰和 / 或重视精神寄托。

　　据统计，2018 年全世界有 73 亿人口，其中 23 亿人（31.5%）信仰基督教，穆斯林有 18 亿人（24.7%），印度教徒有 11 亿人（15.1%），佛教徒有 5 亿人（6.8%）。数量不可小觑！据估计，2021 年，世界上 85% 的人都会信仰某种宗教。

无论人们是否信奉宗教，精神寄托都是生活中的一个重要维度。我们的精神性与生俱来，是我们每个人内在不可分割的一部分。精神性通过我们的文化、我们的神话和符号、我们的记忆和梦想体现出来，有我们的祖先留下的印迹。

在此，我的目的并不是讨论不同宗教派别在治疗抑郁症方面的差异。

由于我们的心理健康体系还不够完善，因此获得患者家庭以外的帮助至关重要。

这不仅事关是否能获得公共卫生资源；你还有可能发现，对于自己的痛苦，你最愿意敞开心扉的人正是你的牧师或精神导师。反过来，牧师或精神导师往往会建议你寻求专业的医学帮助。我本人就曾与研究心理健康和心理疗法的神职人员合作过。

在我看来，如果执业医生重视"整体分析法"，就会适应并尊重其他形式的治疗方法。

治愈靠的是配合，

而不是精英主义、竞争，

也不是取决于治疗权掌握在谁的手中。

重要的是，在这个复杂的精神领域，你可以果断地表达你的需求和家人的愿望。使用"整体分析法"治疗情绪不稳定（无论是忧郁症还是临床抑郁症）时，最重要的是要认识到，任何教派的精神咨询都有其优越性和局限性。

信仰之地

根据我的经验，抑郁症患者的精神体系中可能会出现信仰危机。这种对自我存在产生的危机感（生存危机）实际上就是抑郁症，如果得到合理治疗，信仰便会复现。

因此，抑郁症看似与信仰危机无异，但又不止如此：抑郁症是一种疾病，学会区分两者的不同，对维系个人健康至关重要。

智人智言

多年前，我与一位名叫杰里米的圣公会牧师交谈过，他学习过心理治疗。他认为：

> 提到精神病学和药物治疗，神职人员通常都会感到紧张。据我所知，许多心理治疗师和精神病学家对我们所做的精神帮助持彻底否定态度，就好像我们的善意都是业余的，完全无视我们的努力。
>
> 但实际上，我们应该共同合作。在治疗抑郁症的过程中，精神指导只是整体"治疗方案"的一个组成部分。

至理名言

> 未来的宗教将是一种宇宙宗教。这种宗教超越个人的上帝，没有教条和体系，只有自然和精神。
>
> 宇宙宗教一定是建立在一定宗教意义基础之上，源于对所有自然和精神事物（有意义的统一体）的体验。
>
> ——佚名

有人说这些名言出自阿尔伯特·爱因斯坦，无论正确与否，这番话确实言之有理。

给有宗教信仰的人的几点建议

- 与心理医生交流时，告知你的精神 / 文化信仰。

- 你可以选择求助教会和社区。希望你或亲人能因此重拾信心，但如果你希望抑郁症能就此消失，是不现实的，也不太可能。

- 你的精神导师或牧师通常没有接受过心理治疗或精神病诊断方面的培训。然而，他们能够给予你极大的支持，如果你很迷茫不知何去何从，他们会引导你走出迷茫。

PART
TWO

第二部分

第九章
产后忧郁症和产后抑郁症

产后忧郁症是指生产后可能会经历的悲伤情绪。除了刚生产的母亲以外，高达 80% 的新手父母都经历过产后忧郁症。无论哪个种族、年龄、收入层次、文化或教育水平的新手父母都有可能受到产后忧郁症的影响。

产后忧郁症和产后抑郁症之间最主要的区别就在于症状的严重程度。症状的严重程度因人而异，各人表现的症状也有所不同。

如果产后忧郁症持续数周以上，就需要进行医疗干预。正是在这个阶段，忧郁症可能已经演变成了抑郁症，需要进行医学治疗。

重要提示：说到产后忧郁症，

尤其是产后抑郁症，需要谨记，

你没有做错任何事。

你只是患上了一种疾病，

并不代表你作为母亲或女人出了什么问题。

统计数据

虽然每个国家的情况不同，但产后忧郁症现象在各地很普遍。据估计，约有 10% 至 20% 的母亲会患上严重产后抑郁症，极少数会患上更严重的产后精神病。通常情况下，产后抑郁症发生在分娩后六周内，也有可能在婴儿出生一年后发生。

通过调研我发现，女性停止母乳喂养后，情绪容易低落，但这不一定是患上产后抑郁症的迹象。这种情绪低落，与自然分泌的催产素减少和最终停止密切相关。当人们相互依偎或建立情感联结时，大脑就会释放催产素，因此催产素又被誉为"爱"或"拥抱"激素。

母亲哺乳时，身体也会分泌催乳素和催产素。分泌催产素后，母亲能产生一种平静的感觉，母爱滋生，身心放松，更加关注孩子，易于泌乳，也有助于增进母子之间的情感和相互依恋。因此，当母亲停止母乳喂养时，大脑和身体都需要一段时间的调整。

产后忧郁症

产后忧郁症是一种常见现象，虽然无须进行医疗干预，但仍会让人感到痛苦。产后忧郁症一般持续时间不长，但对于新妈妈来说，也是一次痛苦的经历。引起产后忧郁症的原因多种多样，每个人患上这种症状的程度也各异。

产后抑郁症主要有以下症状：

身体症状

- 睡眠差，无论睡多久，仍会感到疲惫；

- 精力不足；

- 嗜吃或食欲不振。

心理／情绪症状

- 持续焦虑；

- 缺乏自信，感到"心神不宁"；

- 极度悲伤；

- 神志迷乱、心绪不宁。

反应

- 易怒；

- 脆弱敏感，无缘无故地哭；

- 对婴儿的感情减弱。

这些症状很快都会消失。研究表明，引起这些症状的原因主要有睡眠不足等多种因素，如：

- 体内荷尔蒙发生的变化；

- 生产引起的身心压力；

- 从工作状态转变为居家状态产生的社会变化。

我想作为一个准妈妈，谁都期待着孩子的出生。因此，悲伤、焦虑和缺乏自信的感受，似乎与"应该"有的情绪相互矛盾。

如前所述，忧郁症的症状持续数周以上，就需要医疗干预，因为进入这个阶段，忧郁症可能已经演变成了抑郁症，需要进行医学治疗。

我建议患上产后忧郁症后，你最需要做的事就是敞开心扉。

这样做有两方面好处：

1. 与亲人敞开心扉，保持沟通，可以预防情况恶化，避免产后忧郁症发展成产后抑郁症。

2. 敞开心扉后，有助于你寻求帮助。你不仅可以要求一些实际的帮助，还可以让人帮助你照顾孩子，这样就有时间去做一次日间水疗或泡个澡，点上芳香蜡烛，放松心情。"你不说，就没有人会帮助你。"

记住，亲人并不一定知道你需要什么。因此，我鼓励你对亲人敞开心扉，不要耻于寻求帮助。如前所述，产后忧郁症是一种主观体验，情况复杂，并不代表你是一个坏母亲或坏人。

作为新妈妈身边的人，可以鼓励她们敞开心扉，倾听她们的感受，帮助她们。也可以给予她们一些实际帮助，比如帮助她们做一些家务、购物或洗衣服。

别忘了让她去做个按摩或美容水疗，或者邀请几个朋友和她聊天。

帮助新手父母做一些家务，是最实际的支持。

（punk powder：爽身粉）

产后抑郁症

产后抑郁症和产后忧郁症之间最主要区别在于：症状的严重程度和持续的时间不同。具体情况也会因人而异。产后抑郁症的症状可能单独出现，也可能是长期产后忧郁症的症状。

产后抑郁症主要有以下症状：

身体症状

- 睡眠障碍，难以入睡，早醒严重；

- 头痛；

- 全身疼痛和不适（例如胸痛、心悸）；

- 呼吸急促、恐慌；

- 丧失性欲；

- 食欲明显下降。

心理／情绪症状

- 沮丧和绝望。

- 感到能力不足，无法应对。

- 无望无力。

- 无法集中注意力、思维不灵敏、记忆力差。有几位新妈妈对我说："我感觉大脑就像胎盘一样消失了。"

- 产生自杀念头、奇怪的想法或幻想。

- 对喜欢的事失去兴趣（快感缺乏）。

- 过度关注婴儿的健康。

反应

- 极端或异常行为；

- 焦虑、害怕或恐惧；

- 不想出门、不愿交际；

- 做噩梦；

- 感到失控或"发疯"；

- 对婴儿没有感情，或感到愤怒；

- 感到极度内疚。

重要信息

作为新手父亲或丈夫，看到新妈妈表现出这些症状难免会担心，而她自己可能还没有意识到是自己的心理出现了问题。想一想，新妈妈有时感到羞愧，有时什么感觉也没有，有时又会对自己的孩子充满敌意。她不愿意与人分享这些感觉，害怕别人误认为她患上了"精神病"，或者没有能力照顾孩子。由于长期生活在抑郁的阴影之下，她开始恨自己，恨孩子，偏执地认为作为丈夫的你和身边的人都讨厌她。对家人敞开心扉并非易事。许多新妈妈会自我安慰，也会说服他人，她只是有些"忧郁"，会好起来的。然而，这些症状是不会自动消失的。

产后抑郁症的病因

形成产后抑郁的因素很多，有激素分泌变化的因素，还有社会的因素。以下是女性可能患上产后抑郁症的一些风险因素：

- 意外怀孕造成的压力；
- 难产；
- 孤单，缺乏家人支持；
- 工作变化，失去有偿工作，从而失去身份（尤其是 30 岁以上的女性）。

- 密友或家人去世；

- 有流产、婴儿猝死、死产既往历史；

- 存在童年时期遗留问题 / 与母亲关系不佳；

- 在家工作量增加，尤其婴儿"难带"时；

- 需要兼顾事业和新生儿。

（ Web of everything：一周清单 ）

（ this week：本周　fold washing：叠衣服，洗衣服　bills：支付账单 ）

to do：待办清单　gas：加油　bins：倒垃圾　dinner：做饭 ）

产后精神病

这是一种罕见的产后抑郁症，女性产后精神病的患病率约为一千分之一。

产后精神病是指母亲产后完全丧失本真。通常产妇在分娩后的头几周内（但也可能在分娩后数小时内）迅速猛烈地发病。这种情况很容易引起恐慌，如果新妈妈以前从未患过精神病，情况尤为堪忧。这对新妈妈们来说是一种额外的创伤，因为她们很难区分现实和疾病对大脑的影响。

产后精神病的主要症状有：

身体症状

● 拒绝进食；

● 不停忙碌；

● 精力过度旺盛；

● 丧失性欲。

心理 / 情绪症状

● 精神紊乱；

● 内疚、自责；

● 失忆；

● 语无伦次；

● 产生自杀念头；

● 产后幻觉（通常是幻听）、妄想——沉溺于虚幻之中；

● 产生杀婴念头。

反应

● 疑心重；

● 专注于琐事；

● 语言混乱，反应迟钝。

再次强调，形成产后精神病的原因尚不完全明确，可能是：

● 有既往精神病史；

● 有类似疾病家族史；

● 分娩产生的生理和 / 或心理压力过大。

产后精神病是一种非常严重的疾病，需要进行药物治疗和精神护理。

产后精神病通常是一种急性病，持续时间短，95% 的患者经过治疗后恢复良好。但是为了母亲和孩子的安全，最好进行住院治疗。

一旦出现这种严重的产后抑郁症，

需要尽快进行医疗干预，

早期发病的几周和几个月至关重要，

是母亲和孩子情感联结的关键期。

及时就医，切勿错过时机。

服药问题

准妈妈们通常都不愿意在怀孕和哺乳期间服用药物。因此，治疗妊娠期的抑郁症并非易事。

在妊娠期间，你需要对服用药物的风险和益处进行仔细权衡。为了你的健康和宝宝的成长，务必配合医生的建议，做出明智选择。虽然抗抑郁药导致婴儿出现缺陷的风险很低，但需要注意药物的类型和用量。

特别是在孕晚期，婴儿已经成形时，医生会主要关注母亲的健康。怀孕的母亲确实也会自杀（数量不多），关键是如果母亲状态不好，对婴儿出生前后的影响都超过了服用抗抑郁药物的影响。

婴儿出生后服用药物虽然影响不大，但一些新妈妈仍然抗拒服药。如果新妈妈患上了产后精神病，必须进行药物治疗。母亲精神状态不佳、无法与婴儿进行情感联系，这种情况持续的时间越长，对早期建立情感联结的损害就越大。

研究表明，怀孕前、怀孕期和怀孕后患上严重抑郁，会对新妈妈及其孩子都产生持续的负面影响。母亲无法照顾婴儿，无法与婴儿建立情感联结，这会对孩子的社交、情感、身体和认知发展产生长期影响。这种情况同样适用于婴儿的主要照料人，无论是不是亲生母亲，如果存在严重抑郁症，对婴儿都有影响。

这时，应首先咨询孕产妇心理健康专家；当然，也可以咨询你的精神科医生和 / 或医护人员，或让他们为你介绍一个这方面的专家。心理治疗也有助于治疗轻度 / 中度抑郁症。

"二号家长"的重要性

我们现在生活的世界，通常情况下，一个家庭是由妈妈、爸爸和孩子构成的，但有的人也可能有两个妈妈 / 两个爸爸，一个妈妈和一个精子捐献者，或者变性父母。因此，"二号家长"也是一个重要且复杂的因素。

现在的家庭不能再简单地以亲生父母论关键。即使孩子都是父母双方亲生的，也不代表生孩子的人就是孩子的主要家长；一些母亲分娩后需重返工作岗位，"二号家长"则需担当全职主要家长的责任照料孩子。

许多研究的重点都是亲生父母以及父母与婴儿的情感关系，好像血缘关系就一定是终极关系一样。如果真是这样，那么如何解释有些亲生父母虐待儿童的行为？血缘关系并不一定能保证婴儿的健康幸福。

情感依附理论

只有能够满足婴儿需求的主要照料人，才能给予孩子安全感。当婴儿意识到照料人可以依靠，就为其探索世界奠定了安全感的基础。由此可见，持续可靠的那个家长才是孩子的主要情感依附。

　　然而，即使是"二号家长"，在承担照顾孩子的主要责任时，也可能经历"主要家长"经历的许多脆弱。"二号家长"也可能同样出现睡眠不足的情况，从而身心疲惫，情绪低落。

　　人们还发现，患有焦虑症的父母更容易患产后抑郁症，因为对新生儿的责任加剧了作为父母的焦虑和担忧。

　　此外，如果"二号家长"同时还要负有养家糊口的重任，那么焦虑的程度更深。你梦寐以求的孩子不知不觉中变成了一种负担，给你的情绪和身体健康额外增加了压力，将你推向各种抑郁反应的边缘。

别忘了还有我！

根据我的临床经验，孩子出生后，最应该关注的就是亲生母亲的健康状况。如果母亲诊断为产后抑郁症，更需要被关注。一旦诊断明确，出于对婴儿安全的考虑，医生也会重点对母亲进行治疗。然而在这个过程中，"二号家长"往往容易被忽视，毕竟他们也经历了相当大的压力和变化。

作为"二号家长"，由于孩子成为关注点，你的感情生活也会随之发生重大变化。你和爱人在一起的时间减少，亲密关系很可能因为爱人的疲劳和深夜给孩子喂奶而变得疏远。这段时间里，如果你产生了孤独感，也很正常。

父亲的角度

我的一位客户和我分享了这个故事。

我的妻子瑞秋告诉我，她产生了伤害孩子的想法时，我联系了我们的家庭医生。几个来访护士来后，我感觉他们在暗示，我才是妻子的问题所在，是我导致她怀疑自我，以泪洗面。

瑞秋最终接受了住院治疗，我尽一切努力照顾家庭。真希望有人能给我的家人解释发生的一切，从而得到大家庭的理解和支持。

我联系了心理健康医生，有时我真觉得医生并没有把问题解释清楚，毕竟我是妻子的主要支持人。

要是他能告诉我究竟发生了什么，或许能有所帮助。你需要知道，有时并不是因为你做了什么，或者没有做什么，这就是产后抑郁症的症状。

还有就是，把事情说出来，这一点很重要。产前培训班就具有积极作用。我认为应该更加重视与生孩子有关的问题，比如应该如何应对"二号家长"和生母所面临的种种压力。

对"二号家长"的建议

- 有时你可能会感到失望和孤独。尽量不要太感情用事，发展自己的支持体系。

- 大胆与他人谈论你的感受——有助于消除你对个人经历的误解，不再误认为自己是一个不称职的父母或伴侣。

- 相信健康专家。要求参与妻子的治疗过程，并随时了解药物的变化以及重大临床决策。

- 相信自己的直觉。如果你感觉伴侣病情越来越严重，或者过早停止服药，把你的担忧告诉医生。

- 如果伴侣的情况非常严重，比如患上产后精神病，最好采取住院治疗的方式。**这并不代表你失职了**。只是在这种情况下，对伴侣和孩子而言是最好的选择。

- 一些实际性的帮助更有意义，如做家务、做饭、给孩子洗澡、购物，给伴侣充分的休息时间。

- 把自己的情况告诉工作中的负责人，以便可以提前下班或在需要时休息。

- 鼓励伴侣敞开心扉，不要对她产生的不良想法进行评判。她对自己的想法已经感到了羞愧和自责，如果你做出同样的反应，她就会退缩，不再向你敞开心扉。

- 朋友和家人来访量需适度。最好不要举行大型社交聚会，等她康复后，再办不迟。

- 适当放松：两人一起短距离散步、外出散心。

- 晚上起来照顾宝宝，让伴侣睡个懒觉，最大限度保证她的睡眠时间。

- 别忘了对她说"我爱你"。

第十章
青少年抑郁症——
不只是一个必经阶段

无论你的孩子年龄几何，只要他们做了一些看似不寻常的事情，那些有经验的父母、祖父母以及教你如何养育"完美"孩子的书籍都会告诉你，"这只是孩子成长的一个必经阶段"。

　　父母也会提醒你，你小的时候也一样淘气。朋友们也都有相似的经历："不用担心，这只是孩子的一个必经阶段，过去就好了。"

　　孩子成长过程中要经历许多阶段，每个阶段都不同。孩子成长的每一个里程碑都伴随着惊喜的时刻——说的第一句话、迈出的第一步、拿回来的第一张成绩单。当然，成长过程中也不乏让你感到痛苦、愤怒和恐慌的时候——第一次学校打电话通知你孩子被停课了，警察第一次把他们送回家，他们第一次大喊："我恨你，我想自杀！"等等，数不胜数。

　　而青春期的孩子，没有人能告诉你该如何应对，也就是说，青春期也是孩子的一个成长阶段，只不过是一种相对较新的现象。据我观察，这主要是存在于发达国家的一种现象。

[（一些）成长阶段]

历史因素

在发达国家，与在其他西方化的发展中国家一样，人们从童年到成年之间的过渡越来越艰难了。在不远的过去，孩子从学校毕业后找到工作，到了能养活自己的年龄，就被视为成年。

而现如今，社会对孩子和成年人的角色以及期望定位越来越不明确，导致青少年及其父母陷入迷茫。这在一定程度上是由社会现实造成的结果，比如由于学生贷款，孩子对父母形成经济依赖，就业机会有限，等等。

有的青少年和年轻人甚至可能还会因为自己的性别认同和/或性取向在痛苦中挣扎，从而产生巨大的无助感。由于很难实现独立自主、无法脱离父母独立生活，这种挫败感往往会让孩子们感到无望甚至绝望，而这些情绪正是导致抑郁和焦虑的主要因素。一系列国际研究表明，现在的抑郁症如大流行病一般肆虐，警示我们年轻人患上抑郁症的情况呈上升趋势——青少年自杀率不断上升就是这一趋势的佐证。

几点意见

在此，我并不会就青少年自杀率的统计数据以及青少年抑郁症发病率上升的趋势展开讨论。我要探讨的是，在年轻人中如流行病一般蔓延的*焦虑症*。

我认为现在的年轻人已经没有能力应对内心与批判者的对话（消极思想）。内心的消极思想往往会引起身体和情绪上的极度不适。

消极思想逐渐占据主导地位后，思想的内部世界就成了焦虑、自我怀疑和价值感减弱的战场。一旦孩子的内心世界如此痛苦，他便很容易为了逃避现实而选择自杀。

下面，我将从专业的角度阐释青少年情绪障碍（同时发表我的临床意见）。

（事情太多了！！！）

（我做不到）

《知道之书》

本书旨在指引年轻人驾驭自己的思想和情绪。我在博客上为一些正在经受痛苦的青少年提出了一些建议，因而有了编写本书的灵感。我在临床实践中，也遇到了无数前来就诊的青少年。

这些青少年并非抑郁，而是过于焦虑。根据研究表明，长期焦虑是通向抑郁之路。

自杀不仅仅是临床抑郁症的结果，更是由于难以忍受持续焦虑及其带来的挫败感，从而产生的一种极端反应（自杀）。

因此，我认为，若要治疗青少年抑郁症，首先需要探索焦虑症的问题。在这方面青少年与成年人无异，身体系统都会因过度紧张而形成功能障碍。

为什么现在的年轻人如此焦虑？

这是让父母等老一辈人无比费解的问题！

造成焦虑的原因很多，尤其是在这个新技术不断发展的世界里，影响因素必然多样。现在年轻人生活的社会日益复杂，充斥着偏见、无知和偏狭。

以校园霸凌为例。霸凌并不是什么新鲜事——校园一直都很残酷——但是现在，人们只需要动动手指、敲敲键盘，就能实施霸凌。对他人的羞辱就像病毒一般瞬间就能扩散。这是前所未有的！

　　诚然，社交媒体的确为我们带来了美好生活，然而其负面影响也随之而来。当然，我们不能把导致青少年焦虑的责任归咎于一种社会现象。如果仔细观察，你会发现并不是每个社交媒体上的年轻人都会焦虑和/或抑郁。因此，社交媒体并不是唯一的罪魁祸首。

"究竟是天生的还是后天形成的？"

　　可以说两者都不是，又两者兼而有之。没有绝对的是和不是。表观遗传学领域的科学研究能帮助我们深入地了解自己和亲人。表观遗传学研究的是你的行为和所处环境所引起的变化以及这些变化对基因造成的影响。

　　因此，你可能对某种特定的疾病存在遗传易感性。然而，这只是一种倾向或趋势，并不意味你一定会患上这种疾病。

　　通过研究我们得出结论，焦虑症具有 25%～40% 的遗传易感性，而癌症的易感性估计为 5%～10%，相比之下，你会发现焦虑症的遗传易感性高得离谱。

　　可能你的孩子之所以超级敏感，就是因为他们具有这种遗传易感性。无论是快乐的事还是悲伤的事，他们都会表现得非常敏感。

　　这种超敏反应通常会伴随他们的整个童年，一直持续到青少年和成年阶段。我们将其称之为"性情"。有这种性情的孩子，通常会表现出分离焦虑、害羞、担忧和交友困难等问题。

　　再结合周围环境，人们对孩子的各种期望，你就能理解孩子产生焦虑的复杂性：有生理因素、社会因素和心理因素。

极度敏感的孩子可能会受到环境的严重影响。

其他因素

如果青少年遭遇重大丧亲之痛，也会引起抑郁症的持续发作，尤其是在存在抑郁症家族史的情况下，更容易发作。此外，身体遭到侵犯或受到侵犯，也是导致严重抑郁的压力源。

研究青少年抑郁症的文献表明，一些自尊心弱、具有攻击性或反社会特征的年轻人，自杀风险较大。不良亲子关系、家庭功能障碍和家庭破裂都是青少年患上抑郁症的风险因素。

青春期是孩子成长过程中的一个重要发展阶段。大自然以进化的形式激发了人类的原始需求：融入群体、寻找配偶、繁衍子孙，维持物种的生存。然而，在这个二元世界里，一切并非如此简单。

青春期阶段，孩子的性意识提高，与性相关的问题也相应增加。孩子也在探索自己的性取向。对于自己的性取向尚不明确的年轻人，很容易患上抑郁症。如果他们在家里或学校里，总是担心家人和 / 或同龄人可能做出的反应，那么患上抑郁症的风险就更大了。有一个故事我终生难忘。一个三十多岁的男同性恋，喝了一杯葡萄酒后，和我分享了他把自己"出柜"的消息告诉母亲时的情景。

> 我鼓起了很大的勇气才做出这个决定，为了做真正的自己，我需要把我是同性恋的情况告诉父母。母亲听完后看着我，眼中充满了厌恶，她说："我宁愿你告诉我你得了癌症。"然后迅速离开，我听见她走到不远处就开始呕吐了。

我想我没有必要再详述这位母亲做出的反应对他造成的心理伤害有多深了!

"只是一个必经阶段"理论……

青少年的父母经常感到困惑的是,他们不知道如何区分孩子正在经历的"只是成长的一个必经阶段"还是孩子真的存在更严重的问题。

孩子们喜欢穿黑色的衣服,喜欢暗淡的音乐,要是不同意他们开车,他们就会情绪低落。那么,当你发现孩子的很多行为和朋友以及家人描述的普通青少年行为没有什么差异时,又怎么可能知道他们是否抑郁了呢?他们睡觉太多,究竟是因为他们通宵达旦地和朋友打电话,还是因为他们正处于另一个快速生长期,抑或是精神分裂症或抑郁症的早期迹象?

下面的清单源于世界卫生组织发布的标准,对照检查可能有助于你消除自己的担忧。

体重或食欲发生变化

青少年的饮食模式很难评估,尤其是许多十几岁的女孩喜欢节食,因此饮食失调患病率越来越高(年轻男孩和女孩都是如此)。注意观察孩子停止正常进食的情况,以及体重变化超过 5% 的情况。(注意:如果他们存在进食障碍,往往会掩盖自己体重下降的事实。)

IT'S NOT A PHASE, IT'S GROWTH.

（这不是成长的一个阶段，这就是成长。）

经常抱怨生活无聊，讨厌学校

一定要关注孩子在学习方面的显著变化——考试不及格、拒绝上学等。可能是孩子受到了霸凌，不论什么原因，都需要认真了解。

存在悲伤情绪

孩子是否一天中的大部分时间都感到悲伤？这种情绪是否经常出现？持续烦躁和／或流泪可能是抑郁的一种迹象。

感到内疚、绝望或毫无价值

他们可能对世界的发展过度担忧，尤其是这一代人对世界上发生的各种环境灾难非常了解，因此可能会担心世界末日的到来、核战争的爆发或气候变化的影响。

产生死亡或自杀的想法

他们会不断谈论死亡的话题，只听悲伤的音乐，崇拜那些自杀的邪教人物和名人。他们可能会产生自杀的念头，甚至制订具体的自杀计划。这是最大的危险信号。

[红色旗帜（危险信号）]

睡眠模式发生变化

他们可能会因为睡不着而整晚玩电子设备，也可能因为不愿面对世界而整天躺在床上。

无法集中注意力、记忆力差、做事犹豫不决

我们的意识是一个非常有限的认知区域。因此，如果大脑中充满了担忧和消极思想，那么记忆和决策等执行功能就会迅速受损。这一点也可以从孩子的学习成绩中体现出来——由于注意力持续不集中，学业能力也会相应下降。（注意：这里还要考虑到学习障碍和 / 或注意力缺陷障碍的可能性。）

疲劳或明显精力不足

青春期是身体发育的重要时期（需要能量），所以年轻人的睡眠确实会增多。关键性指标是看孩子是否缺乏与同龄人交流或从事喜爱活动的精力。

丧失性兴趣

你的孩子此时可能正处于性活跃期，也可能没有，但是如果完全没有追求浪漫关系的兴趣，就是一个值得注意的迹象。

对曾经喜欢的活动失去兴趣或乐趣

如果你发现他们不喜欢社交，这是一个重要信号。青少年做的许多事可能都会让你感到心烦，所以他们更愿意和伙伴共处。因此，拒绝与同龄人交往是抑郁症的一个重要指标。

最后一点……

烟酒问题

青少年抑郁之后可能会去抽烟喝酒，他们希望通过烟酒解决焦虑问题（尽管是暂时的）。但这种做法是不健康的，如果这种情况一直持续，甚至对烟酒上瘾，需要格外引起注意。

希望这份清单中的信息能帮助你区分哪些是"青少年时期的正常行为"，哪些可能是抑郁症的迹象。如果你的孩子存在上述四种或四种以上症状，我建议你寻求专业建议。

专业干预的类型

心理教育

这是一种专注于心理问题的教育，如抑郁症问题及其治疗策略。条件允许的情况下，心理教育的过程不仅需要经历抑郁症的人参与，有时还需要整个家庭的参与。

与抑郁症患者一起生活的家庭成员都会受到患者的影响。如果家庭成员都了解疾病的情况，有助于缓解家庭环境中的紧张情绪。

对疾病复发的症状和早期迹象了解得越多，青少年及其家人就越能够及时地寻求治疗，以防止病情复发。

药物治疗

年轻人通常对药物治疗的态度非常矛盾，但如果情况已经达到了抑郁状态，而不仅仅"只是成长的一个必经阶段"，就需要采取药物治疗。医生开药时，注意询问药物的具体信息及其有关药效的最新研究情况。家人对药物的用途有所了解，有助于确保患者按处方服用药物。

最好能让患者的兄弟姐妹也参与进来，以防止患者抗拒药物（不服用药物）时有人支持。许多兄弟姐妹可能都很担心患者正在经历的情况，也不希望患者服用"药物"，所以出于无知可能会鼓励患者拒绝服药。

住院治疗

这种干预措施通常比较少见，只适用于那些精神病患者、有急性自杀倾向的人，或多次出现自残或自杀行为的人，主要针对那些无法在家进行治疗的患者。

让自己的孩子住院治疗并非小事，所以一定要和心理健康医生做好沟通。如果有可能，把孩子安排在青少年病房，不要与成年人混住在一起。

心理疗法

个体治疗和家庭治疗都很重要，个人对话治疗与药物治疗相结合尤为重要。家庭治疗有助于家庭成员坐下来讨论和尝试解决抑郁症带来的紧张情绪和遭受的挫折。

其他措施

陪伴倾听

无论是谁，悲伤时都希望身边的人能够认可他们的感受。如果简单的一句"振作起来"或单纯地忽略情绪就能解决问题，那就没有必要研究治疗抑郁症的方法了。

鼓励孩子敞开心扉

让孩子对你敞开心扉可能需要花费一些心思，但是了解他们的感受非常重要。特别是当孩子产生了自杀意图时，敞开心扉尤为重要。如果你不与孩子开诚布公地交流，就会忍不住窥探他们的日记，查看他们的手机。交谈时一定要直截了当，不要对孩子进行指责批评。

改善他们的心情

帮助他们回忆曾经感到快乐和美好的事情。也可以让他们泡个澡，去游泳，吃冰淇淋。这些活动起码能让他们分散注意力。

（只要你需要，我就在你身边。）

鼓励孩子交谈

青少年愿意和任何人交谈，就是不愿意和父母交谈。你一定要抵制住强迫孩子和你交谈的诱惑——反而要鼓励他们与他人交谈。不过，需要注意的是：一定要告诉你的朋友或其他家庭成员，孩子与他们交谈时，一旦出现自残或自杀的念头，一定要告知你。

确保孩子的安全

现在最重要的事情莫过于保证孩子的安全。清空药柜里一切可能导致过量服用的药片或药物。

把所有尖锐物品如刀具和剪刀都锁起来；如果情况特别严重，就把家里的酒精、漂白剂和消毒剂等物品都锁起来。最后这几条建议是预防极端行为的措施，有时确实有必要。

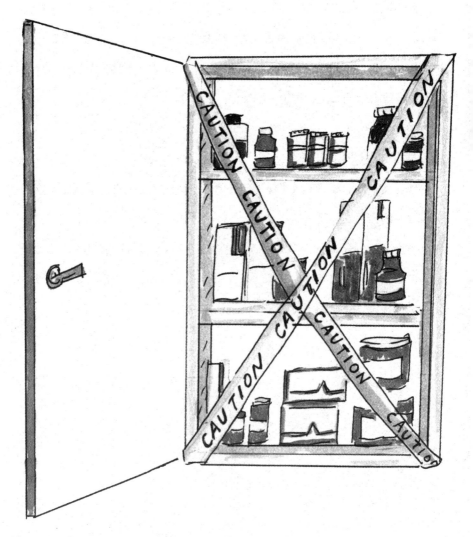

（警告）

帮助孩子做决定

由于抑郁或焦虑，即使简单的事情，孩子可能也很难做出决定。帮助他们安排日常活动。他们可能不会主动找你寻求帮助，所以你要主动。

如果必要的话，可以适当干涉

没有一个孩子希望你干涉他交朋友，然而，毕竟现在情况"特殊"，你需要关注孩子的交友情况。同样，如果你发现孩子拒绝社交，也要设法帮助他们调整。

大胆询问

和孩子谈论或者询问孩子是否存在自杀念头，这样的问题确实难以启齿，但你最好还是要了解情况。

不要忽视其他家庭成员

孩子抑郁了，你的主要关注点必然都在这个孩子身上，所以可能会忽视其他孩子的感受，从而对你产生怨恨。不要忽视他们的感受，让他们随时了解家里发生的情况。

参与其中

当然，孩子的隐私需要得到尊重，但是心理健康专家在进行治疗时，你可以参与其中。可以根据情况选择共同参与治疗或单独治疗，必要时选择家庭治疗。

不要忽略自己

确保为自己留出一定时间。照顾患上抑郁症的孩子，压力巨大，因此要让自己适当放松。

不要做下面的事

- 自责；

- 内疚；

- 睡觉前总是纠结："我哪里做错了？"

这些做法根本无济于事！

第十一章

性别、性取向与抑郁症

如果你的家人或密友是彩虹社区的人，如果他们的情绪让你感到担忧，那么本章内容适合一读。如果下面谈到的内容与你相关，请务必仔细阅读。

　　我本来打算给这一章起名"谁愿意与众不同？"这是我多年前听到的一句话。20世纪80年代艾滋病流行期间，我听到旧金山的一位部长就"天主教会拒绝为死于艾滋病的同性恋男子举行临终圣礼仪式"发表评论。他说了一句"谁愿意与众不同？"给我留下了深刻印象。我心想："谁会选择充满歧视、偏见、不公正和蔑视的生活？"即使不是性取向方面的原因，也一定存在生物的、遗传的原因！多年来，我一直坚持认为性取向是受后天因素影响的，然而不知不觉中我已经改变了观点。

（nature：先天　nurture：后天）

事实上，这不是一种非此即彼的情况。性取向问题并非完全是遗传的原因，也不完全是由环境造就的，而是表观遗传学的一种体现，是两种因素相互作用的结果。因此，结果就像彩虹的颜色一样多种多样。

许多研究都研究过生物学和性取向之间的关系。虽然科学家们还不知道究竟是什么决定了人的性取向，但他们推测，性取向受到基因、激素和环境因素的影响，是多因素相互作用的复杂过程。

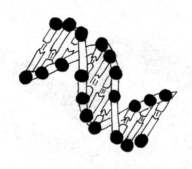

我终于明白了！有了这些新的理解，下面我向大家介绍我对性别、性取向和抑郁症的观点。

性象谱

由于我们的性身份和性取向非常复杂，难以分类，因此只能根据性象谱两个端点之间的位置进行判断。很长一段时间以来，就性取向而言，人们都是用对与错、善与恶、正常与不正常，甚至用合法不合法进行判定！

我很喜欢美国互联网医疗健康信息服务平台的一段话：

性象谱并不是让人们在同性恋或异性恋之间做出选择，抑或在同性恋、异性恋或双性恋之间进行选择，而是表明性取向存在多种可能性。

性象谱也表明，性身份和性表达存在灵活性。大量研究表明，人们的性取向通常有一定范围，并非只有固定的取向。

我认为，所有这些研究和讨论都只是强调了接受性取向多样性的必要性，以及我们都在一个性象谱上共存的事实，因为这就是人的本质。

然而，对于数百万的LGBTQI+（Lesbian Gay Bisexual Transgender Queer Intersex+，女同性恋、男同性恋、双性恋、变性人、酷儿、雌雄同体＋）同胞来说，生活并没有那么容易。为什么？因为作为一个物种，我们学会了评判，凡事总是力求非黑即白（即光谱的两端），才会感到满意。

然而大自然母亲并不是按这种模式运作的。大自然母亲有一种彩虹，彩虹旗也是LGBTQI+社区和运动的象征。

艺术家吉尔伯特·贝克（Gilbert Baker）最初设计的彩虹旗有8种颜色，但现在最常见的彩虹旗只有6种颜色。许多群体根据彩虹旗设计出了各种旗帜代表LGBTQI+社区内的身份，例如，跨性别旗和包容进步旗。

"彩虹旗"背后的故事

　　艺术家吉尔伯特·贝克公开承认自己是同性恋和变装皇后。1978 年，他设计了第一面彩虹旗。贝克后来透露，他是受美国同性恋运动人士哈维·米尔克（Harvey Milk）所托设计的彩虹旗，哈维·米尔克是美国政坛中第一位公开同性恋身份的人。于是，贝克决定设计一面旗帜。

他后来在一次采访中说："作为同性恋，可以这样公开自己的身份，受到关注，真实地生活，摆脱谎言。"彩虹旗正好实现了这一使命，既能宣示同性恋的存在，也是在向所有人宣称"这就是真实的我！"

贝克认为彩虹是天空中的天然旗帜，不过他使用了8种颜色，每种颜色代表着特定含义：

- 粉色代表性；

- 红色代表生命；

- 橙色代表治愈；

- 黄色代表阳光；

- 绿色代表自然；

- 绿松色代表艺术；

- 靛蓝色代表宁静；

- 紫色代表精神。

彩虹之上

关于象征和符号，我们再来看看这个多维社区的另一张快照。1939年上映的电影《绿野仙踪》（*The Wizard of Oz*）成了这个非主流、不遵循常规的社区绝望时的天堂和避风港，也成了相互之间的一种暗号。那时，同性恋行为在美国和世界其他许多地方都是非法的。自称是"桃乐茜的朋友"或询问他人是不是"桃乐茜的朋友"，就是一种在俱乐部之外讨论性取向的暗号。

桃乐茜（朱迪·嘉兰饰演）是《绿野仙踪》中的主角，穿着红宝石色的拖鞋，唱着励志歌曲《彩虹之上》（*Over the Rainbow*）。

朱迪·嘉兰因此成了同性恋社区的偶像，不仅因为她出演了这部代表多样性的彩色电影，还因为她本人的生活经历与许多同性恋社区的人相似。1969年，她不幸去世，原因是无意中过量服用了巴比妥类药物（这种药她平时一直在服用）。嘉兰的故事很悲惨，彩虹社区的人亦是如此。彩虹社区患上抑郁症的人、自杀的人数不胜数。据估计，彩虹社区的自杀率是主流社会自杀率的5倍。

为何彩虹社区的自杀率如此之高？

主要有以下几个原因：

- 因与众不同而受到迫害；

- 恐同现象——家里、学校、社区，甚至医生和心理咨询室都充斥着憎恶同性恋的现象；

- 被拒，因为不符合"标准"；

- 愤怒（本人或他人），因为没有成为"应该成为的人"；

- 担心被袭击或谋杀；

- 羞耻感；

- 无力感和无助感。

所有这些交织在一起，彩虹社区就成了主流世界中的一股寒冷、黑暗、充满敌意的气流，与彩虹的色调形成鲜明对比。

由于普遍存在恐同现象，彩虹社区各个年龄段的人都会感到孤单、孤独、被忽视。这类情绪自然会导致抑郁、绝望，因而产生自杀念头。

彩虹社区的青少年自杀现象

LGBTQI+ 青年不会因为自己是同性恋而自杀。大多数人选择自杀是因为受到了多种因素的影响，如欺凌、歧视、恐同现象、抑郁、焦虑、药物滥用、暴力、性别错位感、自卑（通常是上述所有因素共同作用的结果）、遭到社会和家庭的排斥以及亲密关系中性认同方面的冲突。

他们首次向家人和朋友公开自己同性恋身份的时候，也是自杀风险最高的时候。担心得不到支持或害怕被亲人和社会拒绝，增加了自杀的风险因子。

已有的精神疾病，以及抑郁、焦虑和药物滥用等行为，也是造成他们不堪一击的因素。

对于那些从小就有从教会和社区获得支持意识的人来说，如果其宗教教义谴责性取向的多样性，对他们的伤害将是巨大的。然而这些宗教教义往往也反对自杀行为，最终形成了进退两难的"第二十二条军规"[1]局面。

---

1 这一比喻来自美国作家约瑟夫·海勒的作品《第二十二条军规》。根据"第二十二条军规"，只有疯子才能免除飞行任务，但必须由本人提出申请，而能提出此申请的人必然没疯，所以他必须去飞行、去送死。如今，"第二十二条军规"已经成为一个固定用语，代指悖论式困境，即那些自相矛盾、不合逻辑的规定，或是无法摆脱的困境、难以逾越的障碍。人们在面对这样的困境时，就会陷入死循环。——译者注

如果你的孩子是LGBTQI+

静心倾听

首先应该静心倾听，认可他们的经历和感受，以示尊重。你的反应将会决定结果。

自从新冠疫情暴发，各地实施家庭隔离措施以来，包容的家庭环境变得尤为重要，因为孩子在家里生活的时间变长了。事实上，研究表明，对于 LGBTQI+ 青年而言，只要有一个成年人能够倾听他们的心声，他们自杀的风险就会大大降低。

作为一名家长，需要明白，如果你倾听孩子的心声，告诉孩子你爱他，LGBTQI+ 青年的未来会和所有青年一样辉煌和健康。

——米希亚·普莱斯（Myeshia Price）博士，特雷弗项目研究科学主任（www.thetrevorproject.org）

告诉他们你会无条件地爱他们，就像爱他们的兄弟姐妹一样。

灵活应对

这个阶段通常是孩子成长过程中非常不稳定的一个过渡阶段。你的倾听比他是什么身份更重要。

与之共情

你无须在堆积如山的书中查找应对方法，只需要静心倾听，与之共情。

注意说话内容和说话方式

与孩子谈论 LGBTQI+ 问题时切记，注意说话时的用词。多练习，多向孩子请教，就能改善说话时的用词。避免使用评判性语言。例如，"你太年轻了，根本不知道自己在说什么。""等你长大了就会懂。""你这是叛逆行为，深深地伤害了我们！"

尊重他们使用的术语、名称和代词，也有助于降低自杀的风险。对跨性别和非二元性别青年尤其应该如此。

让他们做真实的自己

给予孩子做真实自己的空间。例如，尊重他们的着装、举止或娱乐活动和消遣方式。

照顾好自己

认可自己的情绪。当孩子公开自己是同性恋时，你会重点关注他们的感受，但是你也有感受——有一些可能是让你感到不舒服的感受。你可能会感到失落，因为你想象中他们的未来消失了；或者感到失望，因为你以后可能不会有孙子孙女了。你可能担心他们会在学校、工作单位（只要他们出现的地方）受到歧视，因此担心他们的健康。

你的朋友和社区可能也会因此对你们产生偏见，并开始孤立你们的家庭。

想办法表达自己的感受。写日记或寻求支持小组都可以。

重要提示：处理自己的情绪时，

最好不要让孩子看见，

这样他们就不会对你的痛苦感到自责，

从而认定自己做的是坏事。

你们是一家人，就要团结一致。

如果你自己是LGBTQI+

　　迈出寻求帮助的第一步可能会让你感到有些不知所措，但这并不是什么可耻的事情；不必感到羞愧，让朋友或家人为你预约针对抑郁症的第一次治疗。

　　去哪里做治疗，需谨慎。如果你找的心理医生对LGBTQI+态度不友好，那么你的治疗可能会存在侵入性风险，有可能没有什么效果。

　　第一次预约心理医生时，一定要直接提出要一位特别熟悉LGBTQI+社区的医生。不要羞于询问医生的经验——所有值得合作的医生，都不会拒绝这些问题，因为他们知道，若要治疗有效，相互沟通必须坦诚直接。

　　保险起见，可以通过同行的口碑推荐找到这样的医生，也可以参考支持小组推荐的心理医生。现在很容易获得类似的建议和资源。

　　选择怎样的心理医生和哪种治疗类型时，请参考以下几点：

● 明确目标，你希望从心理医生那里得到什么。你需要的是：

　　◆ 理解你的心理咨询师。

　　◆ 对心理健康状况进行诊断：由于你纠结于自己的性身份或性取向，从而患上了抑郁症或焦虑症？

　　◆ 转变期间的专业指导（如果你是跨性别者）。

- 你可能对自己的性身份或性取向并不纠结，但是害怕被拒和／或被拒绝本身让你感到困扰。一名出色的心理医生能帮助你应对这些困境，帮助你应对焦虑情绪。

- 选择了信任的心理医生后，就要配合医生的治疗。记住：这不是游戏。你选择治疗不是为了成为有史以来最聪明或最难应对的客户，更不是为了好玩！

- 别忘了你是抑郁症、焦虑症患者，是具有自杀倾向的高危人群，因此一定要认真对待治疗。

一名优秀的心理医生能帮助你找到问题的症结，

解开你的心结，因此将你的目标明确告知医生。

在彩虹下变老

第十三章将会探讨老年人的抑郁症。然而，在 LGBTQI+ 社区中，老年人往往会经历一些独特的恐惧和担忧。其中包括：

- 生命即将结束之时，如果需要护理，是否会有对 LGBTQI+ 友好的养老院?
- 还有哪些对 LGBTQI+ 友好的支持?

这个年龄段的人，其"出柜"经历通常与当今年轻人的经历截然不同。在出柜之前，他们可能有过异性婚姻，并组建过家庭，这在当时是顺理成章的事。

我的许多女性客户，她们的丈夫在结婚很久以后才宣布自己是同性恋。这样的家庭最终都因为愤怒而走向破裂。妻子们感到了背叛和痛苦，常说：

"要是在我四五十岁的时候，

他大胆地宣布自己'出柜'就好了，

那样至少我还有机会重新开始自己的生活!"

然而，早在那时，这样的事真是说起来容易做起来难。那些没有勇气承认"出柜"的人，往往一生都生活在遗憾和孤独中，真正处于进退两难的境地。

（出柜）

LGBTQI+之跨性别者

对于跨性别者，我自认为理解了但实际上并没有。一开始我使用了"变性人"一词，因为我以为这是一个性取向问题。

我的一位跨性别朋友告诉我，跨性别与性取向无关，而是与性别认同有关。事实上，"跨性别者"是一个通用术语，是指那些性别认同，或者他们内心对男性、女性或其他身份的感觉，与他们出生时的生理性别不匹配的人。这个术语比"变性人"一词更明确，清楚地表明问题的根本是性别认同，而不是性取向。

编写本章之前，我与我的跨性别朋友进行了长谈，从她的个人经历中我了解到以下内容。

她回忆说，三岁的时候她就知道自己与众不同，她喜欢玩布偶，不愿意参与兄弟们喜欢的体育活动。

她的行为举止和肢体语言都显得比较"娘娘腔"。童年时，她一直受到欺凌和骚扰，为了不在校车上受到其他人无休止的欺辱，她只得走路去上学。

毋庸置疑，由于从小遭受歧视、欺凌，不被接受，她的成长过程充满了焦虑，抑郁症反复发作。羞耻感总是伴随她左右。

幸好她是一个意志坚定的人，无论从事什么职业，都会努力做到最好。她开始寻找当时跨性别者刻板印象（如变装皇后、吸毒者和性工作者）之外的榜样，将其他领域的成功人士作为奋斗目标。

作为一名跨性别者，我让她总结自己的经历时，她简单地概括了一句：

"就好像我的大脑进错了身体。"

在与跨性别群体接触的这几年里，我发现激素疗法对他们的精神疾病（如抑郁症、焦虑症以及自杀念头等）疗效惊人。简直就像神奇药水一般，产生了生物化学变化。

这就是我对性别和性象谱的全部观点，当然还需要注意的一点是：抑郁症无界限。抑郁症与性别、种族、年龄或性取向无关。

　　如果你与LGBTQI+社区的人关系密切，请友善待之，接受他们的不同，你的生活体验将会因此更加丰富多彩。

第十二章

"为什么我不会抑郁？"
——儿童抑郁症

当你最爱的祖母去世了，

当你最好的朋友搬家了，

当你的姐姐得了癌症，

当你心爱的小狗死了，

当你上学时被人欺负……

你会有什么感觉？

——一个小孩

我想你我都知道我们会有什么感觉：非常非常不开心（什么话也不想说）。这种状态如果持续一段时间，很有可能会演变成抑郁。然而，虽然儿童的生理结构与成年人完全相同：都是情绪受体，都有神经系统和应激激素等，但是我们似乎都不相信儿童也会患上抑郁症。

事实上，人们都认为儿童不太可能患上抑郁症。虽然20世纪50年代末已经有了相关重要研究，但是一直到1980年才正式有了儿童抑郁症的诊断。

（兔兔之墓）

让人大开眼界的故事……

20 世纪 50 年代，美国儿科医生莱昂·赛特林（Leon Cytryn）发现，入院接受隐睾手术的男孩普遍情绪低落、畏手畏脚，他感到很震惊。虽然这种手术也不是什么令人快乐的事，但人们发现情绪低落与手术本身并没有直接联系。

于是赛特林开始研究这些男孩的情绪状态，发现几乎一半的孩子都存在与成年抑郁症相关的症状：绝望感、情绪低落等。他的研究一直持续到20世纪60年代，发现许多生病的儿童明显存在抑郁问题。但赛特林和同事唐纳德·麦克纽（Donald McKnew）意识到，当时医学界并不接受儿童抑郁症的诊断。

医学教育坚持认为，儿童在临床意义上不可能患上抑郁。麦克纽想与其他学科领域的专家合作，共同研究这些小患者的生物化学时，却没有人愿意合作。当时，儿童抑郁症这一概念本就很荒谬。

（大开眼界！）

幸运的是，随着时间的推移，人们的态度发生了改变。

根据我的临床经验，我发现虽然当今社会已经可以接受成人抑郁症，但当涉及儿童抑郁时，他们还是存有保留意见。比如以下言论：

- 能从抑郁症中受益的只有制药公司，现在他们又想从我们的孩子身上赚钱——太不像话了！
- 这只是孩子成长的一个必经阶段。他们会因此而成长，变得更加强大。

我不否认这些评论有一定道理，因为关于儿童抑郁症的诊断和药物治疗策略，学术界仍存在广泛争议。然而，儿童也可能患上抑郁障碍这一事实已经得到明确。

研究人员也发现，抑郁的儿童，成年后更有可能患上抑郁症。我在日

常临床实践中经常听到人们这样说:

> 现在回想起来,我小时候过得一点儿也不快乐。

如何判断孩子是否抑郁?

在此,我并不想夸大我们对悲伤和压力事件的自然反应,也不是刻意制造虚惊。我要强调的是,悲伤是对失去或不幸的正常反应。悲伤久了就形成惯性,到了一定程度,你的孩子就存在患上抑郁症的风险。

下面的清单基于世界卫生组织分享的指南设计而成,可以检测孩子是否存在抑郁问题。

你的孩子抑郁吗?
检测表

☐ 易怒,挫折容忍度低。

☐ 对喜欢的事失去兴趣。

☐ 时常感到悲伤。

☐ 过度活跃或过度焦躁。

☐ 经常出现不明原因的胃痛、头痛和疲惫感。

☐ 体重下降或未能达到预期体重(或者体重异常增加,这种情

况一般不常见）。

☐ 语言中经常透露出悲伤和绝望，如"我再也不会快乐了"。

☐ 存在自卑情绪："学校里的孩子都比我聪明，没有人喜欢我。"

☐ 经常过度担忧，总是担心会有不好的事情发生，认为灾难即将来临，家人会受到伤害。

☐ 睡眠模式的变化：入睡困难，半夜醒来，或者白天嗜睡。

☐ 拒绝或不愿上学。

☐ 学习成绩明显下降。

☐ 没兴趣和朋友玩。

☐ 精力下降，感到疲惫，动作迟缓。

☐ 交流困难，说话费力。

☐ 反复产生离家出走的念头并不断尝试。

☐ 无端产生敌意或攻击行为，拒绝做事，在学校打架。

☐ 经常流泪，总是想哭。

☐ 产生病态或自杀想法，幻想死亡和垂死景象，绘画中反复出现死亡主题。

注意：列表中的症状并不等同于抑郁症或临床上重要情绪问题的诊断。但是孩子只要产生自杀念头，哪怕只是偶尔产生，也要引起重视。一旦孩子存在这样的想法，就要寻求专业帮助。即使是你反应过度了，也没关系——毕竟孩子的安全胜过一切。

CHECK THIS BOX TO PROVE
YOU'RE NOT A ROBOT.

（如果你不是机器人，请在方框中打钩）

　　有一些症状与抑郁症的症状相似。例如，注意力缺陷障碍、创伤后应激障碍、学习障碍和焦虑障碍。因此，做出准确的诊断至关重要。

　　同样值得注意的是，这些行为发展成为抑郁症之前，*孩子的行为方式通常会发生显著变化。*

　　如前所述，情绪低落的症状持续两周以上，尤其是遇到不幸，才有可能发展成为抑郁症。不过，抑郁的孩子也未必会持续表现出抑郁症状，可能时有时无，也可能只是一段时间内存在抑郁症状。大卫·法斯勒（David Fassler）和琳恩·杜马斯（Lynne Dumas）在著作《帮帮我，我很伤心：认识、治疗、预防儿童和青少年抑郁症》（*Help Me, I'm Sad: Recognizing, Treating, and Preventing Childhood and Adolescent Depression*）中建议，父母想要确定孩子是否真的抑郁时，需要注意一个关键问题：

　　孩子的悲伤情绪和行为对他们的日常生活和成长产生了多大程度的影响？

（难过）

要想获得这个问题的答案，有许多测量工具可供使用。下面这个检测表（我喜欢用），只需要选择符合项即可。对于年龄较小的孩子，你可以根据你认为孩子可能做出的反应回答这些问题；对于年龄稍大的孩子，你可以和他们坐下来共同完成这些问题。

这个检测表更像一种自测试题，可以作为一个指标，但不要当作准则，最终结果还是需要专业人士进行诊断。

如上所述，重点是不仅要考量孩子是否存在这些症状，同时还要考量这些症状对孩子日常生活的影响程度。

乔特儿童抑郁量表（CDIC） [回答是或否]	是	否
1. 我经常感到悲伤。	☐	☐
2. 我入睡困难。	☐	☐
3. 我经常感到疲惫。	☐	☐
4 我的朋友不多。	☐	☐
5. 我经常哭。	☐	☐
6. 我不喜欢和其他孩子一起玩。	☐	☐
7. 我不像以前那样有饥饿感。	☐	☐
8. 其他孩子都不喜欢我。	☐	☐
9. 我感到孤独。	☐	☐

10. 我经常头痛和胃痛。　　　　　　　□　□

11. 我不喜欢上学。　　　　　　　　　□　□

12. 我经常做噩梦。　　　　　　　　　□　□

13. 有时我会产生自我伤害的想法。　　□　□

14. 我总是心事重重。　　　　　　　　□　□

15. 我不喜欢自己。　　　　　　　　　□　□

16. 别的孩子比我开心。　　　　　　　□　□

17. 我的学习成绩有所下降。　　　　　□　□

18. 有时我很难集中注意力。　　　　　□　□

19. 我经常生气。　　　　　　　　　　□　□

20. 我经常打架。　　　　　　　　　　□　□

注意: 如果你的答案中有三个或以上的"是",就需要请专业人士进行评估。如果第13题(自残、自杀的思想)的答案是"是",一定要寻找专业人士进行评估。

儿童抑郁症治疗类型

　　患有轻度抑郁症的儿童和青少年，采用心理治疗即可。如果持续六到八周内，抑郁症仍没有好转，甚至恶化，建议服用抗抑郁药物。我们首先来看一看有哪些治疗方法。

家庭疗法

　　心理医生与家人共同合作，帮助他们识别可能导致孩子抑郁情绪的关系问题或沟通问题。如果家庭中遇到巨大压力，或者有亲人去世，每个家庭成员都在忙于处理自己的情绪，这时相互沟通可能就会出现问题。

　　孩子如果出现抑郁，实际上可能是体现了整个家庭面临的痛苦和遭遇的不幸。一般情况下，敏感的孩子通常会以这种方式表达他们的悲伤。我称之为"影响载体"；换言之，孩子以自己的方式表达了整个家庭无法言说的情绪。

　　家庭疗法并不是为了去指责哪个人，而是培养健康的沟通方式，尤其是在家庭遇到问题时，更需要沟通。

个体治疗

尽管家庭疗法疗效良好，但对孩子进行的个体治疗也必不可少。根据我个人的临床经验，我认为认知行为疗法对儿童非常有效，疗效显著。

根据这一理论，当孩子或家人发生任何不好的事情（例如，父母离婚），抑郁的孩子和抑郁的成年人一样，都会产生深深自责。由于孩子的本性，他们更容易自责——他们往往以自我为中心，认为整个世界都是围绕着他们在运转，所以如果发生了什么不好的事情，他们自然认为与他们存在某种关系。

通过这一疗法，能够识别孩子的消极思想。同时通过这种疗法，还能确定孩子消极思想的模式及其对行为变化的影响。我非常喜欢儿童认知心理学家采用的方法，他们用手指木偶再现儿童的思维模式，将孩子的内心对话展现得活灵活现。

明确孩子们的思维主题，有助于孩子们用更积极（理性、非情绪化）的方式重新评估正在发生的事情，用更具建设性和积极的思维方式取代自我责备的思想，从而形成良好的沟通和行为方式。

药物治疗

关于儿童抑郁症领域，特别是药物的疗效方面，还有待深入研究。如果健康专家给孩子推荐药物治疗，一定要多咨询药物对儿童的疗效问题。

虽然临床医生一致认为，不建议将药物治疗作为首选，也不应该轻易或随意进行药物治疗，但有时药物确实有效，能够挽救生命，尤其是对产生过自杀想法的儿童，疗效显著。如果你发现孩子的抑郁症症状表现为身体疾病，如食欲变化、精力不足或睡眠困难，采用药物治疗效果较佳。

切勿在没有进行全面身体检查的情况下，
让孩子服用药物。
注意抑郁症和其他疾病（如甲状腺功能障碍）的相似性，
切勿混淆。

住院治疗

在情况非常严重的情况下，需要让孩子进行住院治疗。一般情况下，对于抑郁症，医生都会建议在家治疗。但是，如果孩子存在自杀风险，就需要考虑住院治疗。

给父母的建议

- 最了解孩子的人是你。

- 你有责任关注孩子的行为和情绪变化。

- 与其他熟悉你孩子的人（比如老师）保持联系，特别注意孩子是否存在被人欺凌的情况，这是导致孩子抑郁的重要因素。

- 相信自己的直觉。如果你确定孩子身体没有出现问题，但仍然感觉孩子比较反常，请咨询心理健康专业人士，最好是儿童心理健康方面的专业人士。

你现在所做的一切付出，其实都是为孩子（现在和未来）的大脑健康进行的一种投资。

第十三章

老年人与抑郁症

年老，未必就弱。

——贝蒂·戴维斯，演员（1908—1989）

我发现经历过人生的各个阶段后，再回首，趣味横生。我出生于婴儿潮晚期（1955 年出生），现在正处于人生的"日落"时期。这个时候的我已经站在了生活的舞台上，无须再进行彩排；曾经做出怎样的选择，现在就是承担相应后果的时候；也是春种一粒粟、秋收万颗子的时候。因此对于老年生活，换种思维想一想，其实并没有那么糟糕。我最喜欢的一句名言是：

> 每个老人的内心都住着一个年轻人，不断地问："怎么会发生这档子破事？"

在我写这一章的时候，我突然意识到，从统计分类上说，我已经属于"老年人"了。然而我自己还没意识到！

'GRANDMA, I'LL KEEP IT A SECRET
IF YOU SAY I'M YOUR FAVOURITE.'

（奶奶，如果你说你最爱我了，我会替你保密的。）

孩子们只有长大了，开始掰着手指数日子，盼着过生日时，才会有年龄的概念。另外，作为孩子的另一个美妙之处在于，他们通常很喜爱祖父母，而祖父母们也宠溺他们。如果祖父母们积极参与孩子的生活，他们的生活将徒增很多快乐，也有了目标。

然而，并非所有的祖父母都拥有这样的快乐。孩子们也会发现，老年人也分类型：有些会给他们买各种各样的东西，为他们做美味的食物，会亲吻他们、拥抱他们；但也有的老人脾气暴躁（可能源于家庭的另一半基因），他们不喜欢见到任何人，好像从来没有开心过，总是抱怨家里太吵闹了。

在某些时候，孩子可能比他们的父母与祖父母的关系更亲近。显然这是因为：他们的父母不再年轻，因此永远不会理解他们，而他们的祖父母刚好又老了！

随着童年的本真逐渐逝去，刚刚进入成年期的年轻人有了虚荣心，这成为他们的认知过滤器。他们认为，看着那么老、脸上有那么多皱纹的人一定生活得很痛苦。尤其是在第一世界，人人都追求年轻，从而创造出一个价值数十亿美元的行业，因为婴儿潮一代的人正在努力与"衰老"抗争。

（奶奶，谢谢您让我用您的电话，可是拨号键在哪里呢）

不难想象，步入老年通常被视为步入了一种痛苦状态。此时的社交，往往是在他人的葬礼上与朋友和大家庭的相聚，谈论"过去的美好日子"，但实际上，这些老人根本不确定过去的日子是否美好。

即使我们这些在"日落岁月"里仍然充实而积极生活的人，表象之下仍然会对独自变老的现实感到恐惧，这种感觉很难挥之而去。死神将会以何种方式到来？死神是合比较善良，会不会在你熟睡时将你带走，还是会残忍无情地长期折磨你？你是否会先失去理智？当你不再工作了，是否会感到自己既无用又多余，没有安全感？

老年人的世界充满了不确定性和未知感。这些因年龄产生的恐惧往往是导致老年人抑郁的重要因素。

心理健康与衰老

对老年人的贡献不重视的社会，有可能对老年人的心理健康不利。即使是老年人也有可能自杀，这种可能性不应被忽视。

以下是老年人未确诊的抑郁症表现。

无声自杀是指通过绝食或不遵医嘱，以非暴力手段自杀的意图（老人通常会设法掩盖自己的意图）。由于抑郁症未得到确诊，再加上医务人员和家庭成员的个人信仰体系的干扰，无声自杀一般很难识别。

老年人做出无声自杀的决定，通常是对终结生命做出的理性决定。不过，老人无声自杀的行为，与身患绝症的老人拒绝治疗的行为不同。

——西蒙·里博士（Dr. Simon Ri），《美国精神病学与法律学会杂志》（*Journal of the American Academy of Psychiatry & the Law*），1989年

（我背疼的次数比我外出的次数还多！）

当然，老年人的生理和心理健康都会受到自然衰老过程的极大影响。例如，老年人可能会经历以下一些情况：

- 听力下降；

- 关节炎，背部和颈部疼痛；

- 白内障、视力下降；

- 患上老年痴呆症和抑郁症；

- 荷尔蒙发生巨大变化。

此外，随着年龄的增长，有时可能会有多种情况同时发生在我们身上，致使家庭成员弄不清这个老人究竟怎么了。

当然，衰老会给我们带来生理、情感等各方面的衰弱。然而，认为抑郁症是衰老过程中的正常现象，老年人就容易患上抑郁症的观点，纯属无稽之谈。

简而言之，作为一个老年人，如果你经常感到情绪低落，生活缺乏乐趣，不要犹豫，去看医生。并非仅仅因为你变老了，就一定会有这样的感觉。

写给老人的照料人

作为老人的家庭成员，本章内容同样适用。无须多说，你的父母正在衰老，他们"当然"会很痛苦。作为老人的亲人，你已经成年，你可能要对父母的健康做出各种艰难的决定，时刻警惕身体意外事故和认知变化。请注意，家庭医生可能只关注老人的身体问题，而不会关心他们是否存在患抑郁症的可能性。这很正常，尤其是当老人同时出现多种身体疾病时，更无暇关注老人的心理健康。当然，与抑郁症相比，这些疾病可能更容易处理。

不过，由于大多数患有抑郁症的老年人都是婴儿潮一代，至少他们对心理健康问题的认知比上一代人强。

了解症状的复杂性

即使你的父母抱怨胃疼或这疼那痛，专家也能辨别出抑郁症的症状。某些家庭医生还是专门从事老年人工作的；如果你的家庭医生不是，那么就找一位老年病学专家或特定精神病学和心理神经学（大脑）方面的老年精神病专家。

专家指导很重要，因为我们很难区分身体疾病和抑郁症的症状，尤其涉及痴呆症时，更难辨识。抑郁症和痴呆症发病时很相似：患者都会表现出行动迟缓，对生活失去兴趣，注意力不集中、记忆困难等症状。

帕金森氏综合征等疾病早期或卒中后也常见抑郁症的症状，因此对患者进行全面评估至关重要。但是，即使抑郁症继发于另一种疾病，也需要进行治疗。

注意以下迹象：

● 对喜欢的事失去兴趣；

● 喜欢待在家里，不愿外出，拒绝新事物；

● 总是担心/担忧不好的事情发生在自己身上；

● 不快乐，精力不足，即使见到最喜欢的孙子孙女也是如此；

● 对未来悲观；

● 抱怨生活无聊（或无事可期）；

● 情绪悲伤或沮丧，产生死亡念头；

● 不吃不喝；

● 睡眠模式急剧变化。

　　显然，如果老人不说，你无法知道这些问题的严重程度，以下问题是基于老年抑郁症诊断的临床工具，你可以通过询问他们这些问题进行判断：

　　1. 你对自己的生活满意吗？

　　2. 你是否经常感到无助，生活空虚？

　　3. 你是否经常胡思乱想？

　　4. 你是否大部分时间心情都很愉悦？

　　5. 你是否感觉记忆力比平时差了很多？

　　6. 你是否感觉自己没有价值？生活无望？

　　7. 你是否感觉大多数同龄人都比你过得好？

　　8. 你会因为一些小事而心烦意乱吗？你是否比以前爱哭？

　　9. 你是否感觉注意力难以集中，记忆力下降，并且因此而哭泣？

　　10. 你是否感到生活缺乏动力，总想避开社交场合？

　　根据我的经验，这些问题很难问出口，也很难听到答案，哪怕是专业人士问，也未必能得到答案。自己父母或年迈的亲人患上抑郁症或想结束自己的生命，要面对这样的情况并非易事，但你最好了解情况，寻求专家帮助。前面我提到过，老年人往往不愿意与"心理健康"问题扯上任何关系。你可以首先向医生表达你的担忧，听取医生的建议，再鼓励老人就诊。

如果需要药物治疗

选择什么样的药物（如抗抑郁药或抗焦虑药）进行治疗，需要考量老人的其他疾病或手术情况，但这些决定在医学上并不难。对于老年人，可首先考虑选择性血清再吸收抑制剂。这种药物对心脏友好，对血压影响不大，也不会损害人的认知能力（思维过程），反应时间也会缩短很多。这种药物不存在服用过量的风险，但一定要注意副作用——如服用后，人容易变得激动。

其他治疗方法

● 学习抑郁症相关知识，对患者及家人都很重要。

● 认知疗法对非生物性的消极思想疗效良好。

● 65 ～ 80 岁的老年人患者，更倾向于心理治疗和自然疗法，不喜欢传统的药物治疗。如果是这种情况，请与他们的医生沟通。

● 让老人放心。对待老人态度友善——让他们知道你爱他们，会帮助他们。强调他们不是"负担"。老人往往认为自己是负担，也会感觉自己是负担。

● 让他们有事可做，从而分散精神上的痛苦。

护理老人的负担

前面我提到过，老年人往往会觉得自己是家庭的负担。这是一个很少有人触及的话题——就好像护理老人的负担是一个秘密，大家都应该守口如瓶似的。

在我看来，人们之所以不愿谈论这件事，是因为家人认为他们不应该把照顾长辈的事当作负担或感到不满，因为他们应该爱戴和尊重长辈。好吧，在*理想化*的世界中可能应该这样，但在现实世界中，照顾亲人——尤其是同时患有痴呆症和身体疾病的亲人——一定是痛苦、疲惫，有时甚至是令人难以忍受的事。看着一个你可能敬仰了一生的人变得如此脆弱，也会让你联想到自己的死亡和人类的脆弱性。请谨记：

- 不要凡事都一人承担，尽可能多寻求支持和专业帮助。
- 如果需要，有许多机构可以提供临时护理。
- 有时感到沮丧是正常的——这并不意味着你不再爱他们了。
- 人们有时确实会厌倦生活，生活就是这样。但进入老年并不是只能想着死亡——那是抑郁症的症状。

（你还记得我最爱吃的饼干是什么吗？）

（年龄越大，我越不在乎别人对我的看法。）

虽然我已步入迟暮之年，但我喜欢我的微笑纹，即我的皱纹。我充满智慧，完全不会受到他人思想的左右。

第十四章
抑郁症——家庭事务

从很多方面来说，抑郁症其实是一种"家庭事务"。听我解释……

首先，我们再来了解一下家庭中抑郁症的遗传易感性。研究表明，就抑郁症而言，基因因素的影响占了 15% 到 20%。而重度抑郁症，有些研究认为，基因因素的影响高达 50%。因此，如果自己或亲人患上抑郁症，最好把家庭情况告诉心理健康临床医生，这样医生就能够判断你的抑郁症是否与遗传有关。

就我个人对精神病患者的多年工作经验，我并没有发现遗传因素对药物的选择有多大影响——不过医生需要了解情况，但不会改变处方内容。现在还没有一种药物能专门用于治疗家族抑郁症！

非遗传因素

前面我提到过有关表观遗传学的研究，你的行为和所处环境会引发变化，而这些变化对你的基因也会产生影响。

功能失调的家庭环境，对儿童抑郁症和成年抑郁症都会产生重要影响。儿童时期遭受过严重的身体或性虐待、遭受情感和身体忽视、早年失去父母、遭受欺凌等都可能是患上抑郁症的重要因素。成年人可能会患上产后抑郁症，也可能会因为各种环境压力（工作、经济、离婚）而患上抑郁症。再次重申我的观察结果，焦虑往往与抑郁症的发作有着紧密联系。因此，如果一个家庭中存在本书所探讨的因素，那么每个家庭成员都有可能患上抑郁症，只不过程度有轻有重。

处理抑郁症最好的方式是将其当作一项家庭事务来处理。你可能觉得只有你的情况特殊，你应该为自己的抑郁负责，但事实并非如此。

由于抑郁症的污名，那些患有抑郁症的人及其最亲密的支持者们，通常不愿在家庭之外甚至在家庭内部讨论抑郁症的问题。这说明，他们可能会因为担心别人的看法，而不愿意寻求帮助和支持。

如果这一点引起了你的共鸣，无论抑郁的人是你本人，还是你的家人或朋友，提醒自己注意以下几点。

- 你不可能知道别人在想什么。
- 你认为他人会对你评头论足，这其实只是你自己的臆测。

● 要是他们真的对你评头论足，就让他们离远点吧！你不需要他们。

对于所有家庭成员来说，无论老少，交流、解释、情感分享、相互理解都至关重要。只有这样，大家才能得到治愈。

抑郁症并不是什么新鲜事，

开诚布公地放心谈论。

别忘了家里的小家伙们

人们通常认为抑郁症只是成年人才会谈论的话题，很容易忽略家里的小孩子们。你无法想象你的孩子有多敏感——尤其是家里有一个人患上了抑郁症，孩子尤为敏感。因此，不告诉他们事实真相，比告诉他们真相更可怕。

他们知道有问题，只是不知道问题是什么。对他们保守真相的时间越长，他们就会越困惑。最终，他们甚至会开始怀疑，自己是否在某种程度上应该为此负责。

如果你想知道如何向孩子解释抑郁症，可参考平克·麦凯（Pinky McKay）在《我们如何对孩子说？》（*How Do We Tell the Children*）一书中的建议：

> 抑郁的人会非常悲伤。他们总想睡觉。有时病情会耗尽他们所有的精力，所以不能和你一起玩，也不能和你说话。但这并不意味着他们对你不再感兴趣，也不意味着他们不爱你。医生会给他们进行治疗，帮助他们恢复精力。他们会再次快乐起来，参与家庭活动。

你也可以用自己的话表达，但基本的观点和内容就是这些。

麦凯还强调了在帮助孩子应对家人疾病的过程中，支持和诚实的重要性。同样值得注意的是，孩子对待彼此也可能会非常残忍，即使年龄很小，也可能会对精神疾病抱有偏见。

（你妈妈是个疯子！你一定也是个疯子！）

你需要让孩子了解正确的信息，帮助他们应对这种情况。要让他们知道，如果他们的父母或兄弟姐妹状态不好，不必将此事告诉其他孩子。

以下是麦凯通过研究得出的一些结论：

- 你可以把抑郁症描述为"情感痛苦"。强调这是一种疾病，只是你看不出来，因此不能忽视。

- 要让孩子们知道，这一切不是他们造成的，他们也不可能让这种疾病消失。

- 不要对孩子做出虚假承诺，骗他们疾病很快就会消失。

- 告诉他们，精神病医生是什么样的医生，与家庭医生有什么不同。

- 告诉孩子，抑郁症与腮腺炎或麻疹不同，没有传染性。

- 一如既往地鼓励他们谈论自己的感受、内心的恐惧和担忧。

小孩的感受也很重要——别忘了，抑郁症是一件家庭事务。

第十五章

你有一位好友

每当说起这句话，我的脑海中就会浮现出美国歌手卡洛尔·金（Carole King）的同名歌曲。卡洛尔·金的这首歌讲述了无论发生什么，有个人总会支持你。

那个人就是你——就是你，我的朋友。给自己一个大大的拥抱。支持一个患上抑郁症的朋友需要无限的宽容、关爱和理解。如果你的朋友患上了抑郁症，你需要努力地坚定你们的友谊，维系你们的友谊，而且这样的情况通常可能会持续几个月。

有时，你会觉得自己做什么都没用，说什么都不起作用。你虽然已经尽力了，但有时你也会感觉自己好像什么忙也没帮上。

当你倾听朋友谈论感受时，你的做法"正确"吗？或许你"应该"告诉他们自己想办法克服？你应该做得再多一点，还是再少一点？还是应该完全换种方式帮助他们？此时你感觉自己多么无力啊！因此，朋友和亲人经常会通过抑郁症患者而感受到抑郁，好像抑郁症具有传染性一样。

根据我的经验，人们抑郁时最害怕失去朋友，因为他们会因病变得反应迟钝、无聊、令人厌恶，不招人喜欢。但是，就抑郁者的内心深处而言，我知道他们此时最需要的就是朋友。我非常感激我的一个亲密朋友陪我度过的每一刻。作为过来人，我可以告诉你，对于患上抑郁症的朋友，你能为他们做的最好的事情就是陪伴，如果可以的话，再为他们做点意大利面，烤一点芝士面包，或者帮他们点个外卖。做真实的自己就好。

朋友们的做法

以下是我的几个好朋友的做法，他们以自己的方式帮助我度过了漫长而寒冷的康复之旅。我相信你会从这些充满智慧和善意的话语中找到灵感，帮助、安慰你的朋友。他们正在遭受痛苦，他们需要你，哪怕他们有时嘴上拒绝你，但内心一定很需要你。

雷恩

我认为，朋友的支持和安慰很重要。抑郁症似乎剥夺了人们的应对能力——他们再也无法应对生活中的日常挫折，很容易被挫折打倒。

我想对你说，康复需要时间，你必须慢慢面对，一步一步改善，从而让你安心。

最重要的是，作为朋友，你只需要陪伴，和他们聊天，不求回报。此外，作为一个朋友，你的陪伴可以让他们的家人休息一下。

就像吃大象一样，大象再大，也只能一口一口地吃。

One bite at a time...

（一次一口……）

唐娜

我曾经认为，抑郁只是情绪有点低落，爱哭，无法控制情绪。等这些情绪过去了，你自然就好了。起初我也不知道该怎么办。作为一个朋友，最糟糕的是我不知道发生了什么，也不知道该做什么。

我觉得最重要的是，想办法让一切恢复正常——以细致入微的方式，比如邀请亲密朋友到家，而不是与陌生人进行社交。

这一点我非常赞同：人与人之间的相处非常美妙，但是人数不要太多，太多反而会适得其反。

凯瑟琳

我对抑郁症或精神疾病了解不多，无法判断我的朋友是否真的患上了抑郁症。作为朋友，你不希望这是一种精神疾病。我不得不承认，我需要好好学习这方面的知识。事后我确实学到了很多。

我记得凯瑟琳当时对我有一些冷漠，因为她不知道该做什么，主要是希望我能得到专业帮助。

现在想来，我完全理解她。如果你在意的人患上了抑郁症，你不必立即冲上去站在最前线——你可以像往常一样陪伴他们。也可以再向前一点，但前提是感觉合适。不要因为你觉得作为朋友有义务才去帮助——这对你们两人都无益。给朋友送束花，告诉他们你很在乎他们，就足够了，这也是医生的建议。

请谨记：陪伴最重要。